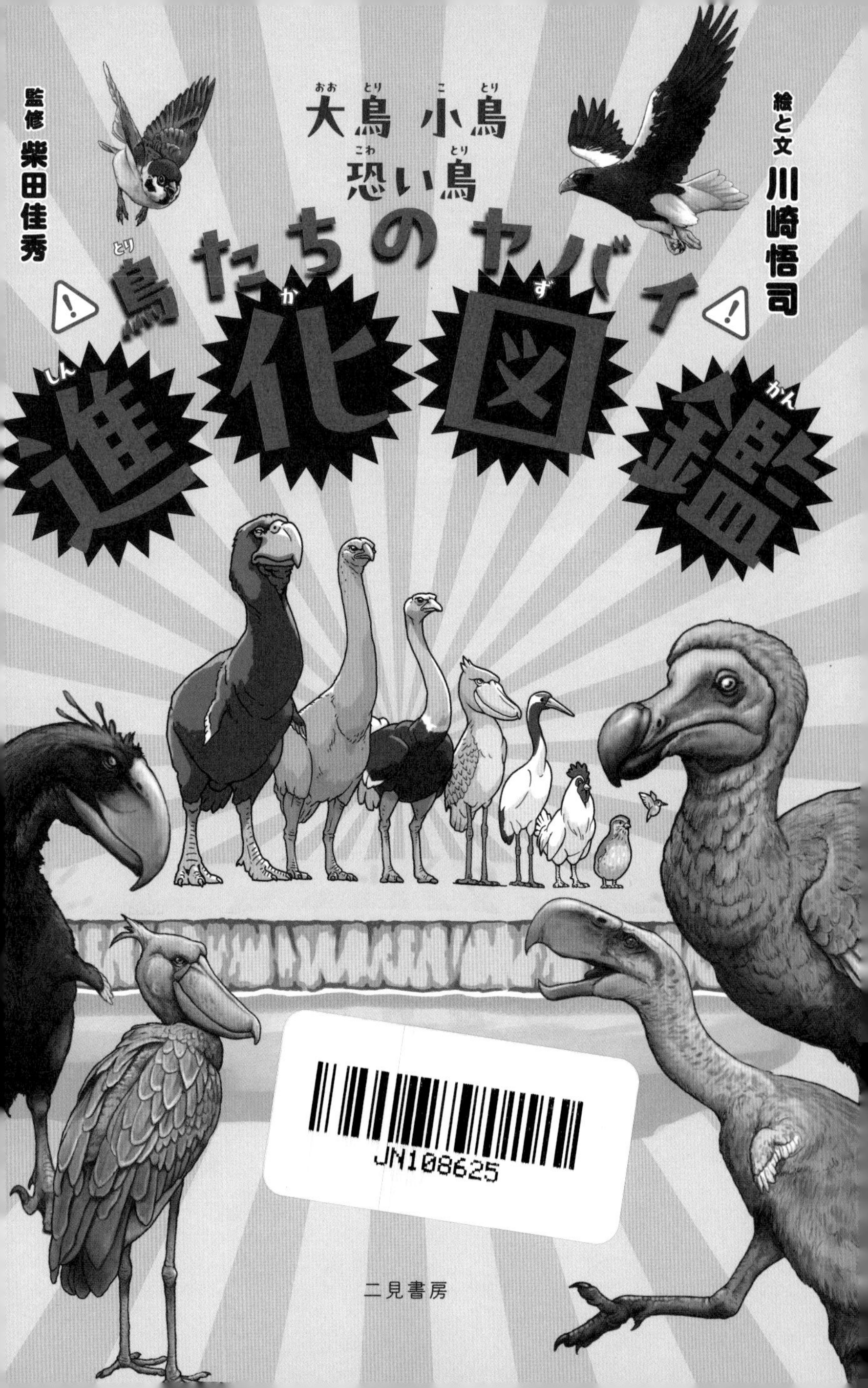
監修
柴田佳秀
大鳥 小鳥
恐い鳥
鳥たちのヤバイ
進化図鑑
絵と文
川崎悟司
JN108625
二見書房

はじめに

鳥は飛ぶ能力をもっているため世界中のあらゆる場所にいます。毎日どこに行ってもスズメやカラスなどのさまざまな鳥たちを見かけ、それはあまりにも身近すぎて、ごくありふれていて、鳥のほんとうのすごさというものがわからないかもしれません。鳥の祖先は大昔、空を飛ぶことができない動物でしたが、進化の過程で空を飛ぶことができるようになりました。空を飛べるようになって、そこが海であろうが、険しい山だろうが関係なく自由に移動できるようになったのです。そのおかげで生存するための多大なる利益を得て、現在、鳥類は約１万種もいます。哺乳類は約6000種ほどですから、いかに鳥類が繁栄しているかがわかります。

ただ、重力に逆らってまで空を飛ぶわけですから、その体には数多くの制約を受けてしまいます。その制約を克服するために鳥の体は削るべきところは削り、残すべきところは残すように無駄のない体になっていて、驚くほど合理的なしくみになっています。よくここまで進化しましたねと感心してしまいます。

本書でとりあげる鳥類（鳥類だけではありませんが）約100種をとおして、鳥の体のひみつに迫り、空を飛ぶ能力を得たことで、どんな利益を得たのか。また空を飛ぶ能力を捨てて地上で生きる鳥もたくさんいて、世界中のさまざまな環境で暮らし、それぞれどんな進化をしていったのか。そして個性的な求愛や生態まで、とにかく鳥類のヤバイひみつが盛りだくさんになっています。

2024年３月　川崎 悟司

もくじ

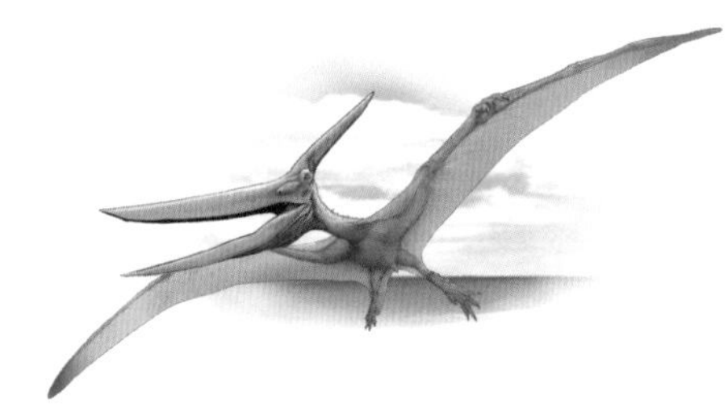

序章
鳥類とは?
007

第1章
空をめざした爬虫類たち
015

第2章
飛べない鳥たち
―恐鳥類―
027

第3章
大地を駆ける鳥たち
037

第4章
大空を支配する鳥たち

第5章
海をめざした鳥たち

第6章
山里の野鳥たち

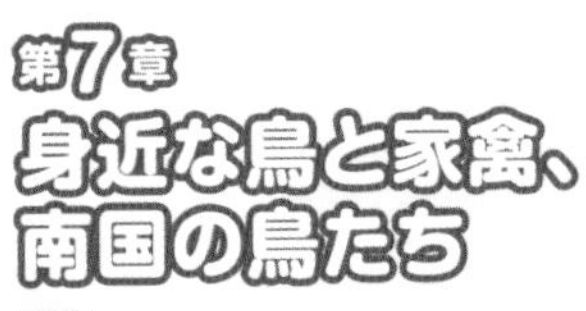

本書の見方

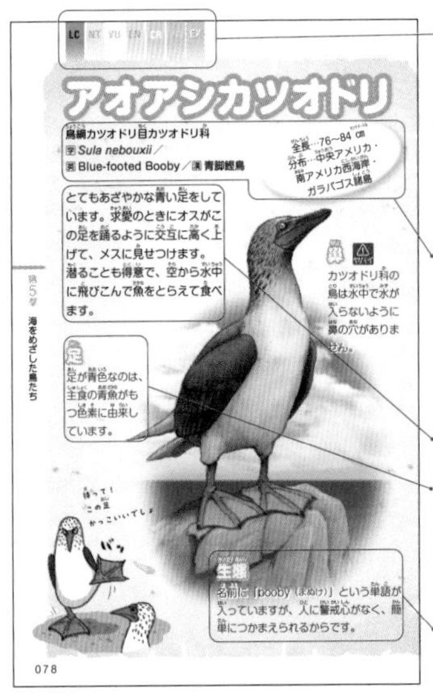

「IUCN絶滅危惧種レッドリスト」評価
国際自然保護連合が発表している種の保全状況をまとめた指標です。
LC＝低懸念　NT＝準絶滅危惧　VU＝危急　EN＝危機
CR＝深刻な危機　EW＝野生絶滅　EX＝絶滅

掲載されている種の基礎情報
学名や英語名、日本語で表した場合の表記。全長（一部翼開長）、生息地域をまとめてあります。

種の解説　種の特徴をまとめてあります。

からだの特徴　からだの特徴をまとめました。とくに驚きの特徴には、ヤバイが入っています。

生態の特徴　生態などで特徴的なものをまとめてあります。

序章（じょしょう）

鳥類（ちょうるい）とは？

鳥類はワニの親戚!? ヤバイ

現在、生息するの動物のなかで鳥類にもっとも近い親戚関係にあるのは、爬虫類であるワニのなかまです。上の図を見てのとおり、それらの姿かたちはまったくちがいます。なぜ親戚関係でありながら、こんなにもちがいがあるのでしょうか。これは進化の過程でワニと鳥類との間に大きな空白があったからです。

その大きな空白とは6600万年前に絶滅したとよくいわれる「恐竜」です。大昔にワニに近い爬虫類から恐竜に進化し、恐竜のグループのなかから約1億5000万年前に鳥類に進化したといわれています。

鳥類と恐竜は珍しい二足歩行ヤバイ

恐竜のイメージは顎に鋭い歯がならび、ウロコにおおわれ、長い尾があるなど、鳥類よりも爬虫類に近いイメージがありますが、恐竜は多種多様で全長30ｍを超えるような体の大きな種から手の平にのるような小さな種、ウロコから変化した羽毛でおおわれた種もいます。

恐竜のもっとも大きな特徴で現在の爬虫類との大きなちがいは後ろ足２本で歩く「二足歩行」であることです。これは鳥類と共通しています。恐竜にも四足歩行する種は多くいますが、それらの祖先はもともと二足歩行で、進化の過程で四足歩行に移行したと考えられています。４本の足をもつ爬虫類や両生類、哺乳類など陸上脊椎動物のほとんどが足をすべて歩行につかう四足歩行ですが、鳥類と恐竜、そして哺乳類のうち例外的に人間だけが二足歩行です。二足歩行で前足は自由になり、人間は腕にあたる前足で物をつかんだり、荷物をもったりとさまざまな用途につかうようになりました。そして恐竜は自由になった前足を翼に変化させて鳥類へと進化したのです。

羽毛をもったトカゲの発見ヤバイ

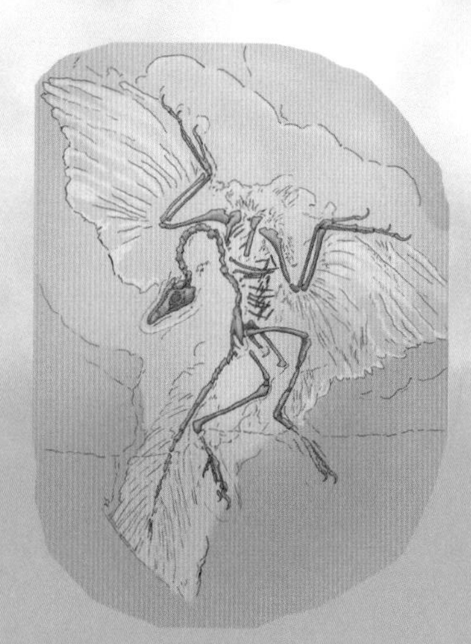

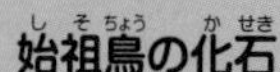

始祖鳥の化石

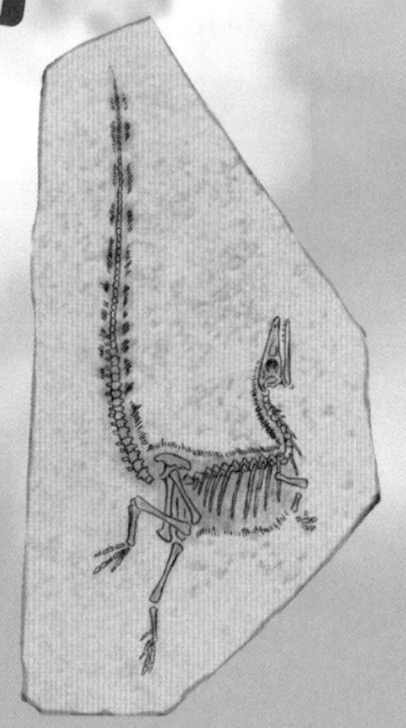

シノサウロプテリクスの化石

羽毛はふわふわ軽いだけでなく飛行に役立つ風切り羽や、保温や撥水などさまざまな機能をもつすぐれものです。現在、地球上でそのような羽毛をもっているのは鳥類だけです。

最初の鳥ともいわれる始祖鳥は顎に鋭い歯があり、長い尾をもつなど、骨格は爬虫類的ではあるものの、翼にならぶ風切り羽など羽毛をもっていたことが化石からはっきりと確認できます。羽毛をもつ動物は「鳥類」のみの特徴ということから、始祖鳥は「鳥類」と分類されました。しかし1996年、シノサウロプテリクスという小さな恐竜は、化石から全身が羽毛でおおわれていたことが確認され、その後も羽毛をもつ恐竜が次々と発見されるようになりました。どこまでが恐竜で、どこからが鳥類か境界線を引くのが難しくなってきているようです。

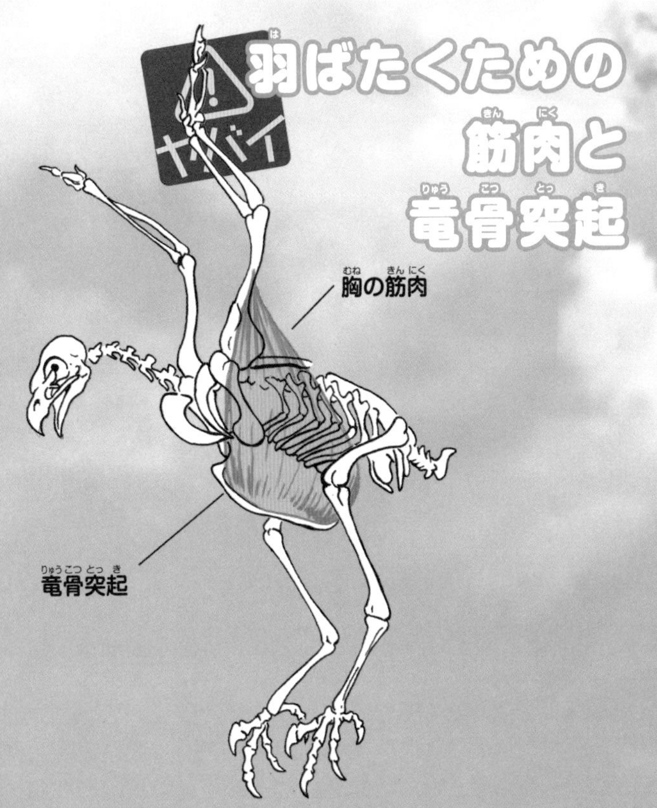

羽ばたくための筋肉と竜骨突起

翼を振り下げて力強く空気をかいて飛行するには、大きな筋肉が必要です。鳥類は翼を羽ばたかせるために、胸の筋肉が大きく発達していて、ハト胸という言葉があるように鳥の胸は大きく張り出しています。種によっては胸の筋肉が体重の約４割を占めるともいわれています。また、その胸筋を支える「竜骨突起」という骨の突起も大きく発達しています。

始祖鳥などの初期の鳥類とされる種は、この竜骨突起が発達しておらず、力強く羽ばたくことはできなかったといわれています。また、空を飛ぶことをやめたダチョウやエミューなどは竜骨突起が進化の過程で消失しています。

大量の酸素をエネルギーにするための器官

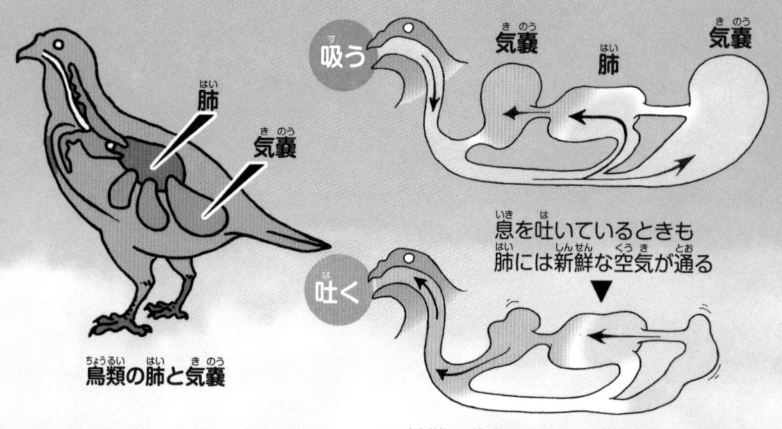

鳥類の肺と気嚢

翼を羽ばたかせて空を飛ぶことはたいへんな運動量です。それを可能にしているのは「気嚢」をつかった呼吸システムです。人間の呼吸方法は息を吸って肺に新鮮な空気を取り込み、息を吐いて古い空気を出すといった往復式の呼吸で、息を吸ったときにしか肺に空気を取り込めません。しかし、鳥類は気嚢という器官をつかうことで、息を吐いたときも肺に新鮮な空気を取り込めるしくみになっています。

鳥類は息を吸うときに肺に直接、新鮮な空気を流すルートと気嚢に流すルートがあり、息を吐くときにその気嚢にたまった新鮮な空気を肺に送るようになっています。これで息を吸ったときも吐いたときも、肺に新鮮な空気が流れ、効率的に酸素を取り込めるようになっているのです。気嚢は恐竜、少なくとも獣脚類や竜脚形類ももっていたことがわかっており、獣脚類のすぐれた運動能力と竜脚形類が巨大化できたのはこの効率的な呼吸システムのおかげかもしれません。

飛ぶための進化 ヤバイ

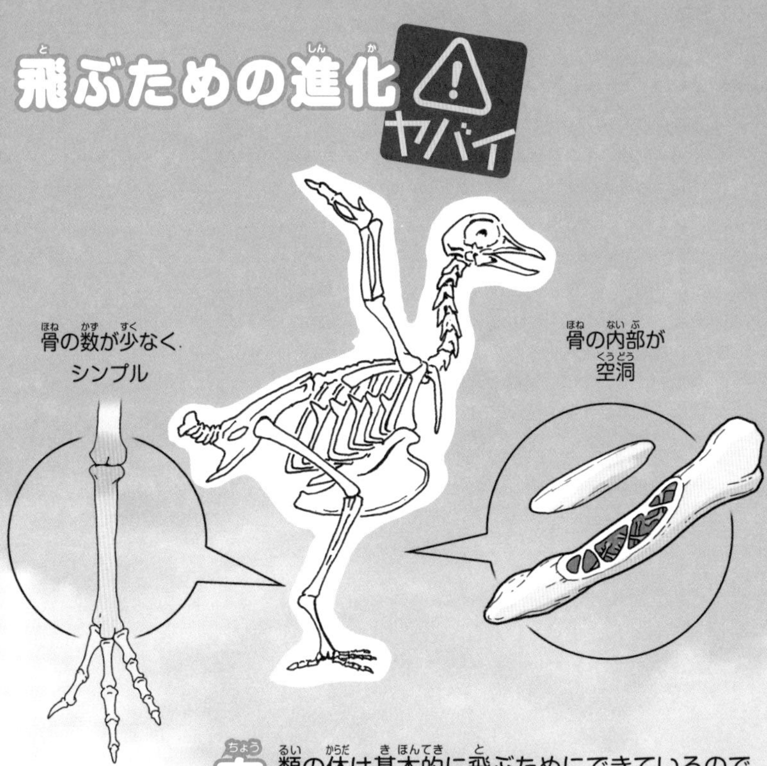

人間の足の骨

鳥類の体は基本的に飛ぶためにできているので、体重を軽くするためにさまざまな進化をとげています。骨は薄く内部が空っぽになっているため、ものすごく軽くなっています。しかし、それでは強度的に問題があるので、空洞になった骨の内部にはたくさんの細い骨が突っ張り棒のように内部から支える形に縦横に走っていて、その強度を保っています。また骨と骨が融合するなどして、骨の数がほかの動物に比べて少なくなっています。

重たい歯を失くして、より軽いクチバシになるなど、さまざまなところで体を軽量化する進化をはたしています。

食べ物にあわせたクチバシの形 ヤバイ

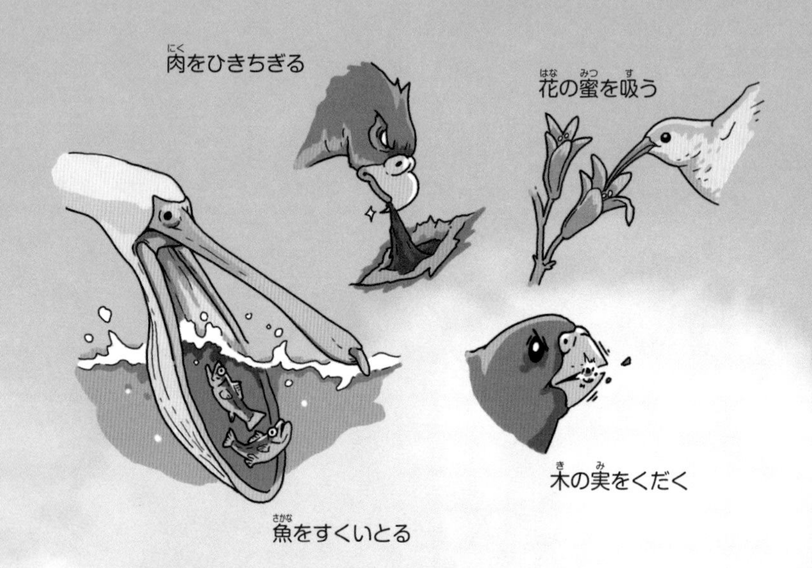

鳥類は体の軽量化のため重たい歯を捨てて軽いクチバシになる進化をしました。鳥類の種によって肉食や植物食と食べるものはさまざまですが、その食性に対応するようにクチバシの形状も食べやすいようにさまざまな形状に変化しました。進化論をとなえたダーウィンが生き物の進化に気がついたのも、ガラパゴス諸島で見かけた小鳥のフィンチ類がもつクチバシの種類の多さから考えたといわれています。

肉食のタカやワシなどは肉を引きちぎりやすいようにクチバシの先が鋭くとがったカギ状になっており、ハチドリは細長いクチバシで花の奥に差し込んで花の蜜を吸い取りやすい形になっているなど、どのクチバシも自分の食べものが食べやすい形状に進化しています。

第1章
空をめざした爬虫類たち

翼開長…7～9m
分布…北アメリカ

爬虫綱翼竜目プテラノドン科

学 *Pteranodon longiceps* ／英 Pteranodon

とさか

とても立派なトサカ。その役割については求愛やいかく、飛行中の舵取りなど、さまざまな説があります。

歯

プテラノドンは爬虫類ですが、顎には歯がありません。進化したタイプの翼竜は、歯が消失しています。

いろいろなトサカ ヤバイ

プテラノドンには何種類かいて、種によってトサカの形状が異なっていました。また同じ種でもトサカの大きさがちがい、そのちがいはオスとメスのちがいによるものという見方もあります。

ステルンベルギ種

トサカが小さいものはメス？

ロンギケプス種

鳥類のような羽毛ははえておらず、コウモリのような膜状の皮ふが翼になっていました。

空飛ぶ爬虫類「翼竜」でもっとも代表的なのがプテラノドンです。翼竜は「中生代」という時代に、現在の鳥類のように大空を支配していました。翼竜のなかでもより大型で、より進化したタイプでした。
プテラノドンの化石はアメリカの内陸部で発見されていますが、当時は海であり、海上から魚をとらえていたと考えられています。プテラノドンはその大きさから翼を羽ばたかせることはあまりなく、上昇気流を捕まえては滑空を繰り返すアホウドリのような飛び方をしていました。

中生代の北アメリカ

プテラノドンが生息していた時代、現在の北アメリカ大陸の内陸部は、かつて海でした。
プテラノドンは、この海の上を上昇気流にのって飛んでいました。

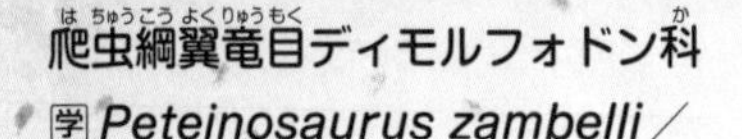

爬虫綱翼竜目ディモルフォドン科

学 *Peteinosaurus zambelli* ／

英 Peteinosaurus

翼開長…約60 ㎝
分布…ヨーロッパ

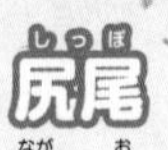

長い尾。昆虫を追うために細かな方向転換の役割をしていたのかもしれません。

翼はほかの翼竜に比べ、体に対して比較的小さいものでした。

翼竜は２億2000年前にはじめて羽ばたいて飛行する脊椎動物として地球上に現れました。ペテイノサウルスも初期の翼竜で、翼をひろげても約60 ㎝ しかない小さな翼竜でした。プテラノドンのように６ｍを超えるような大型翼竜はずっと後の時代に現れました。初期の翼竜は顎に細かく鋭い歯がならび、空を飛びながら昆虫をとらえて食べていたといわれています。

もっとも小さな翼竜の一つ

ヤバイ

小さな体のわりに、大きな頭部をもっていました。翼を広げて約60 ㎝ と、約55 ㎝ のハトと大きさはあまり変わりませんでした。

ランフォリンクス

爬虫綱翼竜目ランフォリンクス科

学 *Rhamphorhynchus muensteri* ／

英 Rhamphorhynchus

全長…約1.2m
分布…ヨーロッパ・アフリカ

成長とともに吻部（くちばし部分）は長くなり、歯も鋭く大きくなりました。

尾

尾の先端の膜は成長とともに幅広くなって、飛行機の尾翼のようになりました。

ランフォリンクスは幼体から成体まで化石が発見されており、大きな個体では翼をひろげると２mほどにもなりました。ランフォリンクスの化石は１億5000万年前の地層で産出されますが、そこは始祖鳥の化石が産出されることで有名なドイツのゾルンフォーフェンという場所です。始祖鳥は初期の鳥といわれていますが、１億5000万年前は大空を舞台に翼竜と鳥の共存する幕開けとなりました。

2種類の翼竜

翼竜は頭が小さく尾が長い古いタイプの「ランフォリンクス類」と、頭が大きく尾が短い新しいタイプの「プテロダクティルス類」の二つのタイプがいました。

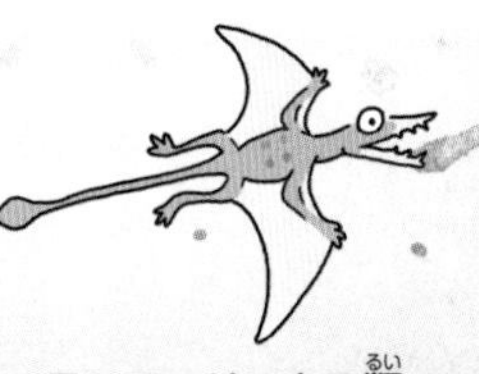

ランフォリンクス類

プロダクティルス類

ケツァルコアトルス

爬虫綱翼竜目アズダルコ科

学 *Quetzalcoatlus northropi* ／

英 Quetzalcoatlus

翼開長…11～12m
分布…北アメリカ

翼をひろげると10mを超える、史上最大の飛行生物です。恐竜が繁栄した中生代の最終期に生きていた最後の翼竜ともいえます。この頃は翼竜は衰退し、大空の支配権は鳥類に移りつつありました。生態はよくわかっていませんが、ケツァルコアトルスの化石は内陸の河川に堆積した地層で発見されることと、まっすぐでとがった顎、長く柔軟性のない首、長く頑丈な後ろ足などの体形から河川や沼地などの浅瀬で土のなかの小動物をさぐりとるコウノトリのような生態だったのではといわれています。

足

長く頑丈な後足と翼にもなっている前足の4本の足で地上をしっかり歩くことができました。

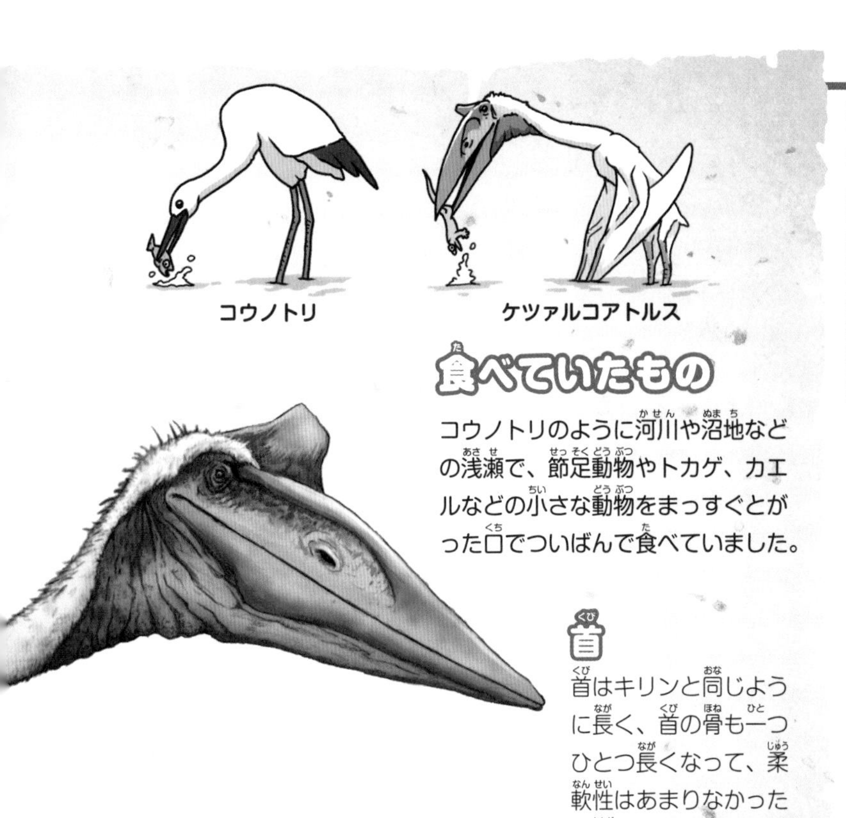

食べていたもの

コウノトリのように河川や沼地などの浅瀬で、節足動物やトカゲ、カエルなどの小さな動物をまっすぐとがった口でついばんで食べていました。

首

首はキリンと同じように長く、首の骨も一つひとつ長くなって、柔軟性はあまりなかったと考えられています。

史上最大級の翼竜 ヤバイ

翼をひろげると11〜12mにもなりますが、翼竜は骨の内部が空洞になっているなど鳥類と同じように軽量化されていました。そのため、体重は70kgほどとおとなの男性の標準的な体重とほぼ変わらなかったとされています。

アーケオプテリクス

鳥綱アーケオプテリクス目アーケオプテリクス科

学 *Archaeopteryx lithographica*／

英 Archaeopteryx／漢 始祖鳥

全長…40〜60 cm
分布…ヨーロッパ

ツメ

翼には、鋭いカギヅメがある3本の指をもっていました。

歯

顎には歯がはえていました。

約1億5000万年前に生息したカラスよりも一回り小さく、始祖鳥と呼ばれ、爬虫類と鳥類の特徴を兼ね備えていました。現生鳥類と同じように翼には飛行に役立つ風切り羽がならびますが、翼を羽ばたかせるための胸の筋肉が未発達なため、現生鳥類のように力強く羽ばたくことはできなかったといわれています。また長い尾や顎には歯がならぶなど、現生鳥類とは異なる点が多く見られます。

アーケオプテリクスの化石

保存の良い化石が発掘されることで知られるドイツのゾルンフォーフェンで発見されました。現在までにベルリン標本をはじめ、12体の化石が見つかっています。

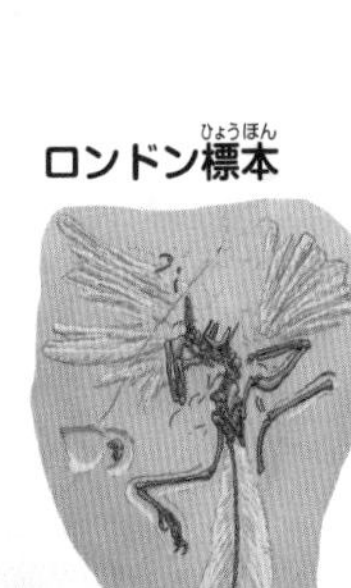

ロンドン標本

ベルリン標本

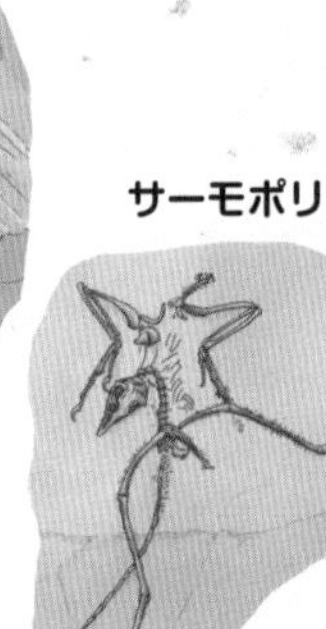

サーモポリス標本

羽毛の色

羽根の標本からメラノソームは発見され、羽根の外側は黒色、内側は明るい色だったと推測されています。

5枚の翼をもっていた？

ヤバイ

後ろ足がミクロラプトルのように、翼状になっていた上に、長い尾にも羽がはえて翼のようになっていたので、合計5枚の翼をもっていたと考えられるようになりました。

ミクロラプトル

爬虫綱竜盤目ドロマエオサウルス科

学 *Microraptor gui*／英 Microraptor

全長…50～80 cm
分布…中国

羽毛の色

羽毛の色はツヤのある黒色で、光の当たる角度によって虹色に輝いたと推測されています。

恐竜にも鳥類のように羽毛があると確認されたのが1996年に発表されたシノサウロプテリクスという小さな恐竜。それ以降、羽毛をもつ恐竜の化石が次々と発見されました。さらに2003年に発表されたミクロラプトルの全身化石には後ろ足にも羽がならんでいた痕跡がはっきりと確認できました。この後ろ足の翼をどのように使ったのかはわかりませんが、4枚の翼を使って複葉機のように飛行したという説などがあります。

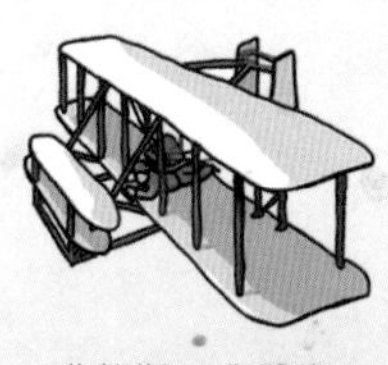

世界初の飛行機

ヤバイ 後ろ足に羽がならび翼を形成していました

コンフシウソルニス

鳥綱孔子鳥目孔子鳥科

学 *Confuciusornis sanctus*／

英 Confuciusornis／漢 孔子鳥

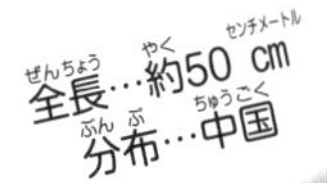

対になった長い2本の尾羽。尾羽がない個体も見つかっており、オスだけが長い尾羽をもっていたと考えられています。

翼にある3本のカギツメが原始的で恐竜の面影を残しています。

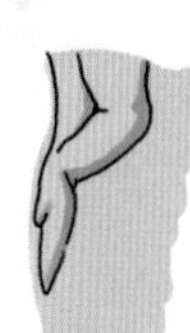

現生鳥類の手（手羽先）

おおよそ1億2000万年前に生息した、ハトほどの大きさの原始的な鳥です。原始的といってもアーケオプテリクスと比べると、現生鳥類に近く、顎に歯がなくクチバシ状になっていること、尾に骨がないことなど、現在の鳥と似ています。現在の鳥と異なる点は、翼にまだツメと指が残っていることです。

イクチオルニス

鳥綱イクチオルニス目イクチオルニス科

学 *Ichthyornis dispar* ／英 Ichthyornis

全長…約60㎝
分布…北アメリカ

みずかき

あしゆびの間には、現生の海鳥のようにみずかきがあったと考えられています

およそ9000万年前に生息したハトほどの大きさの鳥で、アメリカの内陸部で化石が数多く発掘されています。
イクチオルニスが生息した当時、アメリカ内陸部は内海になっていたため、カモメやミズナキドリといった海鳥のように海上から魚などをとらえて食べる生活をしていたと考えられています。現在の海鳥とあまり姿は変わりませんが、顎に歯があったことが異なる点です。

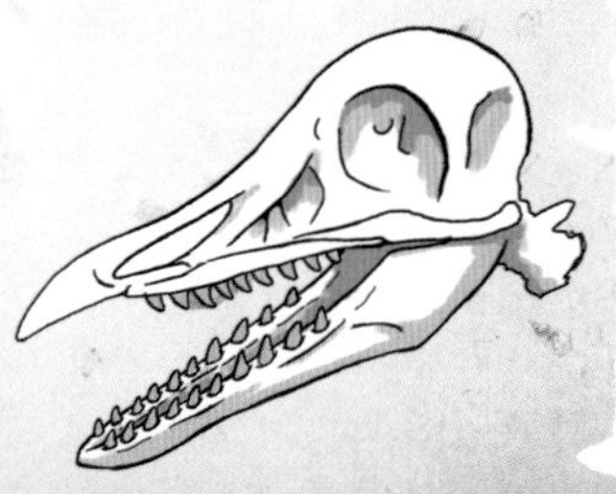

ヤバイ イクチオルニスの頭骨

第2章

飛べない鳥たち

―恐鳥類―

ケレンケン

鳥綱ノガンモドキ目フォルスラコス科

学 *Kelenken guillermoi* ／英 Kelenken

全長…約3ｍ
分布…南アメリカ

頭 ヤバイ

前後の長さが70㎝を超える巨大な頭部は鳥類では最大です。

翼

おそらく翼はありましたが、たいへん小さく、飛ぶことには役に立たなかったと考えられています。

およそ1500万年前、ほかの大陸と海を隔てられて孤立していた南アメリカ大陸に生息していました。地上性の猛禽類ともいわれるフォルスラコスのなかまでは最大の種で、頭までの高さは約3m。
頭部の長さは70cmを超えるほど巨大でワシやタカとように先端が鋭いフック状になったクチバシは強力な武器になりました。また、足の甲にあたる骨が長い特徴から、速く走れたと考えられています。

食べ物

ケレンケンなどのフォルスラコスのなかまは走るのも速く、ワシやタカのような積極的な捕食者「プレデター」と思われますが、ハゲワシやコンドルのような腐肉をあさる「スカベンジャー」だった可能性もあります。

狩りに使ったあしゆび

600万年前のフォルスラコスのなかまの足跡化石が発見され、3本のあしゆびの内、2本だけ地面についていたことがわかりました。地面についていないあしゆびは鋭いツメで獲物を押さえつけるためのものと考えられています。

フォルスラコス

鳥綱ノガンモドキ目フォルスラコス科
学 *Phorusrhacos longissimus*／
英 Phorusrhacos

全長…約3m
分布…南アメリカ

翼

おそらく翼はありましたが、たいへん小さく、飛ぶためには役に立たなかったと考えられています。

クチバシ ヤバイ

クチバシの先が鋭いフック状。ワシやタカのクチバシを巨大化させたようなクチバシをもっていました。

南アメリカ大陸に生息した地上性の猛禽類です。フォルスラコスのなかまは恐鳥類とよばれる鳥のなかでも、もっとも肉食傾向の強い鳥とみられています。
ワシやタカのような鋭いクチバシをもち、足のツメも鋭かったので、獲物をつかまえるのに適していました。

生存競争

南アメリカ大陸でフォルスラコスのなかまの競合相手はボルヒエナやティラコスミルスなどの肉食の有袋類でした。フォルスラコスのなかまが絶滅する前に彼らは姿を消しましたが、その理由はよくわかっていません。

およそ300万年前、南アメリカ大陸と北アメリカ大陸がつながり、北アメリカからネコ科やイヌ科などの肉食動物がやってきました。これらとの競合に負けて絶滅したと考えられています。

ガストルニス

鳥綱ガストルニス目ガストルニス科

学 *Gastornis gigantea* ／英 Gastornis

全長…約2m
分布…ヨーロッパ・北アメリカ

足 ヤバイ

太くどっしりとした足で、速くは走れなかったようです。

ツメ

足の先に伸びるツメは丸まったヒヅメのような形をしていました。

「恐鳥類」とよばれる地上性の鳥です。恐竜が絶滅してから間もないころに現れて北アメリカやヨーロッパなど広く分布していました。当初、絶滅した肉食恐竜の代わりとして哺乳類を襲う積極的な捕食者としてみられていましたが、クチバシやツメの形状から果実や木の実を食べる植物食の鳥だったという説も出てきています。

クチバシのちがい

どう猛な肉食動物とみられていたガストルニスは、ワシやタカのようにクチバシの先が鋭いフック状になっておらず、足のツメも鋭くないことから植物食の鳥だったのではないかと、考えられるようになりました。

ガストルニスとディアトリマ

北アメリカのガストルニスはかつてディアトリマとよばれていましたが、ヨーロッパのガストルニスとよく似ているため、現在では同じなかまとして、ガストルニスの名前にまとめられています。

ティタニス

全長…約2.5m
分布…北アメリカ

鳥綱ノガンモドキ目フォルスラコス科
漢 *Titanis walleri*／英 Titanis

ヤバイ 北アメリカに渡った唯一の
フォルスラコスのなかま

北アメリカ
ティタニス
南アメリカ

クチバシ

フォルスラコスと同様に、タカやワシのような巨大なクチバシをもっていたとみられています。

地上性の猛禽類フォルスラコスのなかまで、200万年前まで生息していました。
ティタニスは、ほかのフォルスラコスのなかまのように獲物を足のツメで押さえつけ、鋭く巨大なクチバシを振り下ろして捕食する肉食の鳥類だったといわれています。

ドロモルニス

鳥綱ガストルニス目ドロモルニス科

学 *Dromornis australis* ／英 Dromornis

全長…約3m
分布…オーストラリア

足

重い体を支えるとても頑丈な足でしたが、速くは走ることはできませんでした。

クチバシ ヤバイ

かたい植物の茎を切断できる大きなクチバシをもっていました。

地上性の鳥ですが、骨格の形態から系統的にはカモに近い鳥です。現在、もっとも重い鳥はダチョウで体重100kgを超える重量のある鳥ですが、ドロモルニスはそれをはるかに超え、推定で500kgは超える史上最重量の鳥といわれています。
植物食の鳥とみられ、強力で大きなクチバシでかたい植物を砕いて食べたと考えられています。

ゲニオルニス

鳥綱ガストルニス目ドロモルニス科

学 *Genyornis newtoni* ／英 Genyornis

全長…約2ｍ
分布…オーストラリア

足の甲

重い体を支える太い足で足の甲は比較的短く、走る速度は時速20㎞ほど。足が細長いエミューは時速50㎞で走ります。

おもにオーストラリア南東部に生息し、樹木の葉を好んで食べた植物食の鳥です。地上性の鳥で、同じ大陸に生息していたドロモルニスのなかまでカモに近い鳥でした。遅くとも3万年前にオーストラリア大陸にやってきた人類の影響で絶滅したと考えられています。現在、同じオーストラリアにすむエミューと同じくらいの背丈ですが、体重はエミューの50㎏に対して、ゲニオルニスは推定で275㎏もあったといわれています。

第3章（だいしょう）
大地（だいち）を駆（か）ける鳥（とり）たち

エピオルニス

鳥綱エピオルニス目エピオルニス科
学 *Aepyornis maximus*／
英 Elephant Bird／漢 象鳥

全長……約3.4m
分布……マダガスカル島
（アフリカ）

翼
天敵がワニ類くらいしかいなかったためか、翼は退化して小さくなり、体は巨大化したと考えられています。

目
クチバシの根本に近い位置にありました。

アフリカのマダガスカル島にすんでいた巨大な鳥です。森林の開けた場所に群れで生活し、果実や草、木の葉などを食べていました。17世紀に島にヒトが定住したことで、1840年ごろには絶滅したと考えられています。DNA解析の結果、ニュージーランドの鳥、キーウィ類と近縁種であることがわかっています。また、象鳥とよばれるように体重は約500kg（さらに重かった可能性もあります）に達し、体高は最大で3.4mほどにもなりました。

足
最重量級の体を支えるために、太くたくましい足をもっていました。

卵の大きさの比較 ヤバイ

エピオルニスの卵は、現在いくつか残されています。その大きさは、全長が約33㎝、重さは約10㎏と、巨大なものです。

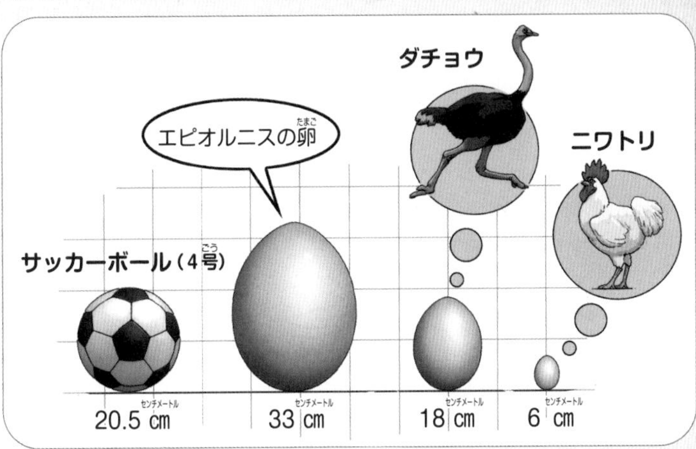

伝説のロック鳥のモデル

インド洋や中東地域の伝説の鳥「ロック鳥」のモデルといわれ、「千夜一夜物語（アラビアンナイト）」にも登場しています。ロック鳥は、巨大で力も強く、雛のエサとなる象をつかんで飛ぶことができるとつたわっています。

ジャイアントモア

鳥綱モア目モア科

学 *Dinornis novaezealandiae* ／

英 Giant Moa

全長…約3m

分布…ニュージーランド

ニュージーランドに生息していたダチョウのなかまです。ダチョウよりも大きく頭までの高さは3m近くあります。13世紀に、マオリ族という人たちがやってきて食料としてさかんに狩られるようになり、およそ100年後にはほとんどいなくなったといわれています。

大きさ ヤバイ

頭までの高さが3m近くある背の高い鳥として知られています。

重さ

体重は200kgを超え、その重い体重を支えるがっしりとした足をもっていました。

モアの大きさ、オスとメスのちがい

メスはオスよりもずっと大きく、メスは背丈が3m近くありますが、オスは1.5mほどです。メスが卵を産んで、その卵をあたためる（抱卵）のはオスの役目だったようです。

マオリ族のモアの乱獲

ポリネシアの島からやってきたマオリ族はモアをさかんに狩りました。モアの足元をこん棒などでたたいて転ばせたり、小石などを飲みこむ習性を利用して焼き石を飲ませるといった方法で狩りをしました。

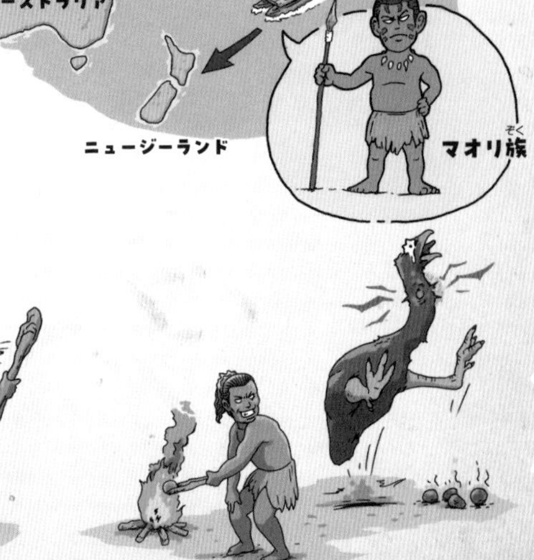

二本足で立つモアの足をねらって転倒させた

鳥の習性を利用して焼き石を飲ませた

ダチョウ

全長…2.1～2.75m
分布…アフリカ

鳥綱ダチョウ目ダチョウ科

学 *Struthio camelus*／英 Ostrich／漢 駝鳥

アフリカの乾燥した草原に生息しています。現在の鳥のなかでもっとも大きく、首を伸ばすと高さ2.5m、体重は100kgを超えます。体重が重く飛ぶことはできませんが、最高時速70㎞で走ることができます。また、とても大きな眼球をもっています。

羽の色

オスの羽色は黒く、メスは褐色です。オスのほうが体は大きくなります。

足

最高時速70㎞で走ることのできる頑丈で長い足をもっています。

ダチョウは眼球も大きい ヤバイ

ダチョウの頭はとても小さいですが、そこにおさまる眼球の大きさはとても大きく、直径5㎝もあります。もともと鳥類は視力がよいのですが、ダチョウはそのなかでもトップクラスの視力をもっています。

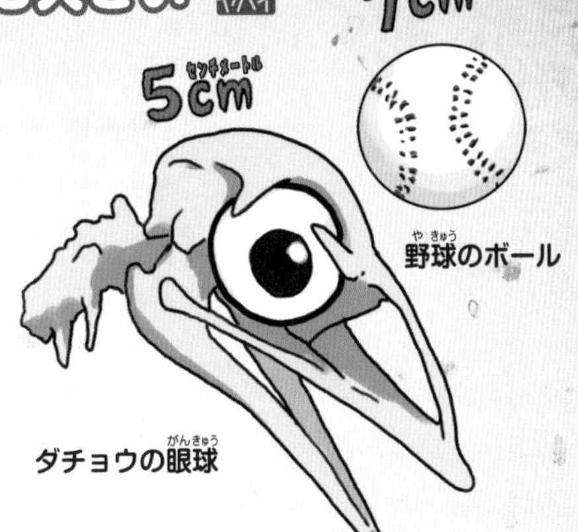

ダチョウのあしゆびは2本

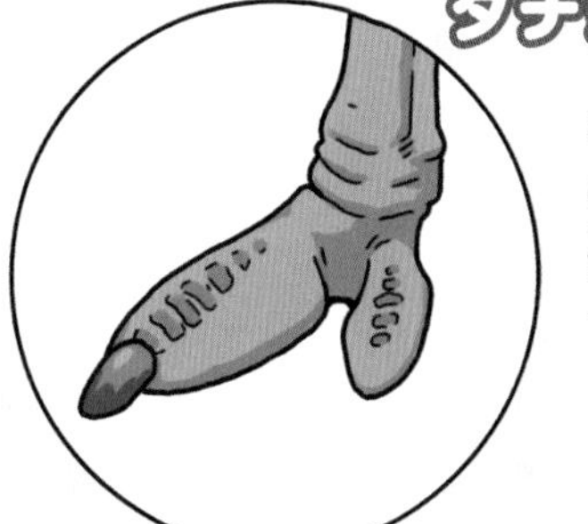

あしゆびが2本しかないのもダチョウの特徴です。あしゆびが少なくなった分、地面をける力が分散しなくなるので、速く走ることができます。

求愛ダンス

おとなになったオスは、メスの興味を引くために大きく翼をひろげて、しゃがむと体をくねらせるようにして「ダンス」をします。

モーリシャス・ドードー

鳥綱ハト目ドードー科

学 *Raphus cucullatus* ／英 Dodo

全長…オス：約65.8 cm
メス：約62.6 cm
分布…モーリシャス島

羽

翼は小さく、退化しています。また、ふわりと束になった尾羽をもっていました。

インド洋にあるモーリシャス島に生息したハトに近い鳥です。体重20kgもあるずんぐりとした体形で、飛ぶことはできませんでした。天敵のいない小さな島でよたよた歩きながらのんびり暮らしていましたが、ヨーロッパから人がやってくると、間もなく絶滅しました。

クチバシ ヤバイ

クチバシは、頑丈で大きく曲がっていました。

ドードーのすむ島が発見される

ヨーロッパ人がモーリシャス島を発見し、西暦1600年ころにはドードーは知られるようになります。ドードーとは「のろま」という意味で、警戒心はまるでなく、よたよた歩く姿からそうよばれるようになりました。

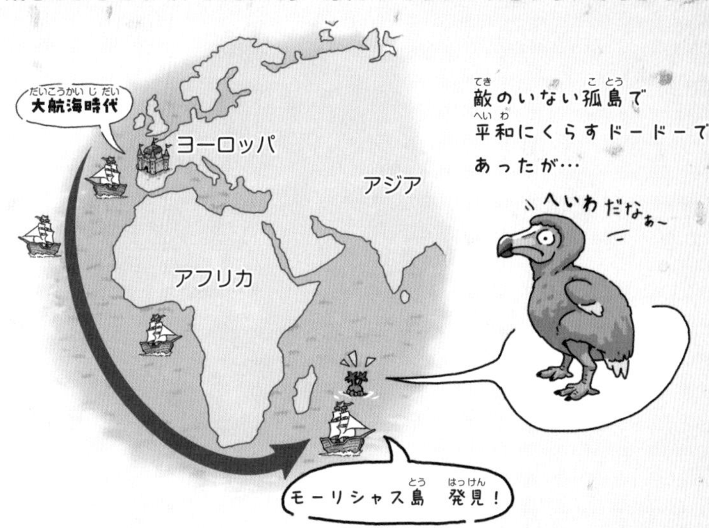

ドードーの絶滅の原因

船乗りたちの食料になったほか、人が持ちこんだブタやネコ、船に忍びこんでいたネズミが島にすみつき、ドードーの卵などを食べるようになりました。その影響で1640年ころにはドードーはいなくなりました。

船乗りたちの
食料にされた
船乗りたちが持ち込んだ
動物たちの影響も

ヒクイドリ

全長…130〜170cm
分布…オーストラリア・ニューギニア

鳥綱ヒクイドリ目ヒクイドリ科

学 *Casuarius casuarius* ／

英 Southern Cassowary ／漢 火食鳥・食火鶏

オーストラリアなどのジャングルにすんでいる飛べない大きな鳥です。頭はあざやかな青と赤で、皮ふがかたくなった立派なトサカがあります。とても気性が荒く、足には大きく鋭いツメがあるため、世界一危険な鳥ともいわれています。果実を食べて、ちがう場所で種がフンと一緒に排出され新しい芽が出て森が維持されます。

ノド

のどの肉は赤く垂れさがっており、まるで火を食べたように見えるので火食い鳥とよばれたといわれています。

走るよりも武器としてつかうあしゆび

あしゆび ⚠ヤバイ

3本あるあしゆびのうち、内側の指には大きく鋭いツメがあります。走るよりも武器としてつかいます。

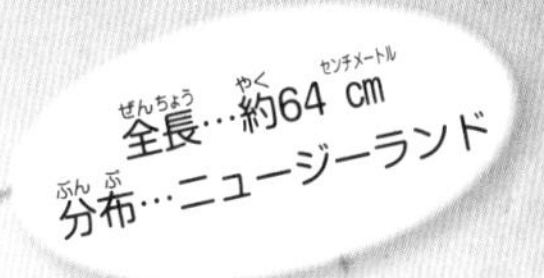

鳥綱インコ目フクロウオウム科

学 *Strigops habroptilus* ／英 Kākāpō ／

漢 梟鸚鵡

別の名前を「フクロウオウム」といいます。もともとニュージーランドには鳥の天敵となる哺乳類がいなかったため、飛ぶことをやめたと考えられます。夜行性で昼間は岩のすきまや倒木の下で休み、夜になると果実などをさがして地上を歩きます。

羽毛

羽色は草木にまぎれこむことができる黄緑色です。

飛ぶことができず、翼は走るときのバランスとりにつかいます。

エミュー

鳥綱ヒクイイドリ目エミュー科

学 *Dromaius novaehollandiae* ／英 Emu／

漢 鴯鶓

全長…150～190㎝
分布…オーストラリア

ヤバイ ダチョウのなかまで飛べない鳥です。乾燥した地域に生息しているため、よく水を飲むため、水を求めて長距離を移動します。

走る速度は時速50㎞に達し、泳ぎも得意といわれています。メスは緑色の大きな卵を産み、卵をあたためるのはオスの役目です。おとなしい性格で、人に慣れやすい鳥です。

体色

ヒナのころは、イノシシの子ども（ウリボウ）のようにしましま模様です。

翼

特徴的なふくらんだ羽毛で、翼はうもれていてほとんど見えません。

ヤンバルクイナ

鳥綱ツル目クイナ科
学 *Hypotaenidia okinawae*／
英 Okinawa Rail／漢 山原水鶏

全長…約35cm
分布…日本（沖縄）

ヤンバルクイナは1981年に沖縄本島の森で発見されたクイナのなかまで、地上で生活する種です。沖縄では毒蛇のハブを食べてくれると期待してマングースを放ちましたが、マングースはヤンバルクイナを食べてしまうようになり、生息数が減り、すむ場所も北に追いやられ絶滅が心配されています。

北へ北へと追いやられるヤンバルクイナの生息域

足
歩いて生活しているヤンバルクイナは、足がとても丈夫です。

ライチョウ

全長…約37 cm
分布…日本、北半球北部

鳥綱キジ目キジ科

学 *Lagopus muta* ／英 Rock Ptarmigan ／
漢 雷鳥

カミナリが鳴りそうな天気のときに見られることが多く、この名前がつきました。夏と秋、冬で羽毛がはえかわり、冬は真っ白になります。日本のライチョウは、分布のもっとも南にすむ種で、約2万年前の氷河期に北からやってきましたが、やがて気候が暖かくなったため、現在は寒い高い山だけに生き残っています。

肉冠
目の上にある赤いコブがあります。

羽毛
夏、秋、冬と1年に3度羽毛がはえかわります。冬羽の時期は真っ白になります。

夏羽（オス）

羽毛でおおわれた足と指 ヤバイ

寒さに強いライチョウは足の指の先まで羽毛でおおわれています。

第4章 大空を支配する鳥

ペラゴルニス・サンデルシ

鳥綱オドントプテリクス目ペラゴルニス科
学 *Pelagornis sandersi* ／
英 Pelagornis Sandersi

翼開長…約6〜7ｍ
分布…北アメリカ

クチバシ

クチバシには歯のような
突起がならんでいました。

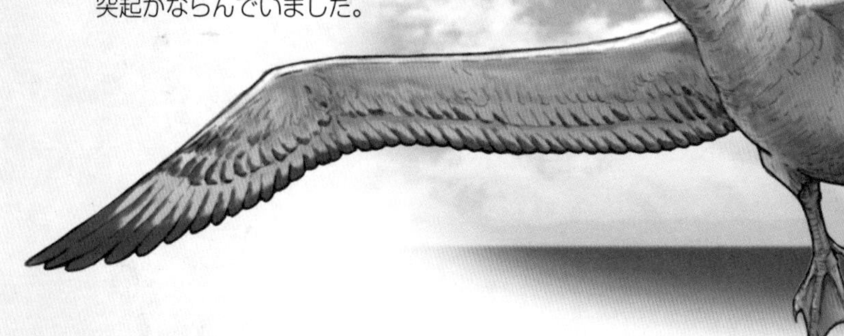

骨質歯鳥類とは

恐竜のいた時代には歯がはえている鳥がいました。ペラゴルニスも歯がはえているように見えますが、これは歯ではなくクチバシの鋭い突起です。このようなクチバシをもつ鳥のことを「骨質歯鳥類」とよばれています。

大昔の鳥
歯がはえているものもいた

骨質歯鳥類
クチバシの縁がギザギザで歯のような役割をした

今の鳥

アホウドリのように細長い翼をもっていました。

北アメリカで化石が発見された約2500万年前に生息していた鳥です。翼は現在の多くの海鳥のように細長く、ひろげると差し渡し6mを超えるとても大きな鳥でした。
クチバシには歯のような突起がならび、海の上から魚やイカなどをとらえて食べたといわれています。

6m

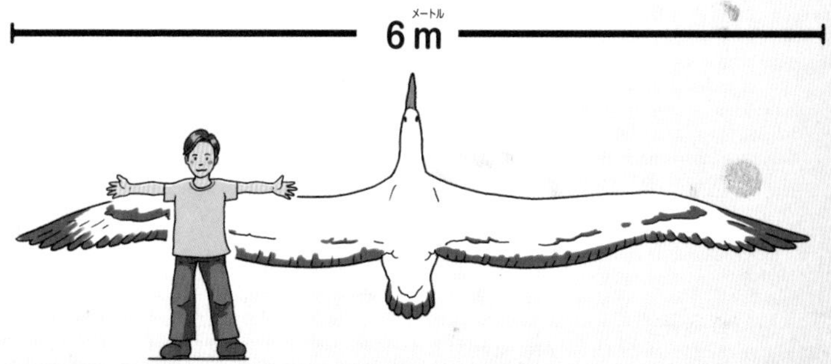

超大型の飛ぶ鳥 ヤバイ

細長い翼をひろげると6mもあり、アホウドリの2倍の長さです。飛ぶ鳥のなかではもっとも大きいといわれています。

アンゲンタヴィス

鳥綱タカ目テラトルニス科
学 *Argentavis magnificens*／
英 Argentavis

翼開長…約5m
分布…アルゼンチン

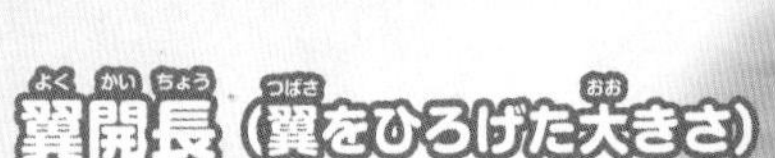

翼をひろげた長さは5m、あるいは7mもあったと推測にはばらつきがあります。

雷をあやつるというサンダーバード

伝説の鳥のモデル？

アメリカの先住民インディアンの部族の間では「サンダーバード」というカミナリを落とす巨大なワシの言い伝えがあり、トーテムポールの上にもかたどられています。このサンダーバードの正体はアルゲンダヴィスかもしれません。

最大級の猛禽類

ヤバイ

翼をひろげると5mもあったと推測されています。現在の空を飛ぶ鳥類でもっとも大きいものの一つであるアンデスコンドルで3m。それをはるかに超える大きさです。

ひろげた翼がおよそ5mにも達する巨大なコンドルのような猛禽類だったとみられています。
約900万年から700万年前あたりの南アメリカで生息しており、地上性猛禽類であるフォルスラコス類の食べ残しを空からさがしたという説、積極的に獲物をハンティングしたという説もあります。

ハンパゴルニスワシ

鳥綱タカ目タカ科

学 *Hieraaetus moorei* ／英 Haast's Eagle

翼開長…約3m
分布…ニュージーランド

体重

体の大きさに比例して、体重も重量級の14kgほどにもなりました。

西暦1500年ころまでニュージーランドに生息していました。
翼をひろげると3mにも達したとされるとても大きなワシで、当時もっとも大きな動物であったジャイアントモアの唯一の天敵だったともいわれています。モアが絶滅し、獲物を失ったハルパゴルニスも間もなく絶滅したと考えられています。

ツメ

大きなツメでジャイアントモアの幼鳥や、キーウィなどを捕まえて食べていました。

イヌワシ

全長…オス：約81㎝
メス：約89㎝
分布…北半球北部

鳥綱タカ目タカ科

学 *Aquila chrysaetos*／英 Golden Eagle／
漢 犬鷲・狗鷲

北半球の草原などに広く分布するワシやタカのなかまです。日本では山岳地帯にすんでいます。ノウサギやヤマドリ、ヘビなどを獲物にしています。

羽毛の色

頭と首の後ろが金色を帯びており、英語でゴールデンイーグルとよばれています。

視力 ヤバイ

イヌワシは、人間の8～10倍の視力があり、1㎞先でも獲物を見つけることができると考えられています。

天狗のモデル？

イヌワシという名前の由来は、漢字で「狗鷲」と書き、日本各地に伝わる天狗のモデルという説があります。

天狗は手にもったウチワで風を起こすという

オオワシ

鳥綱タカ目タカ科

学 *Haliaeetus pelagicus*／

英 Steller's sea Eagle／漢 大鷲

全長…オス：約88 cm
メス：約102 cm
分布…東アジア・ロシア極東

翼をひろげると2.5mもある大型のワシです。ロシアのオホーツク海沿岸にしか繁殖地がないめずらしいワシで、冬には越冬のために、おもに北海道に南下します。海岸付近でよく見られることから「海ワシ類」とよばれ、おもに魚を食べますが、海鳥やアザラシなどの死骸も食べます。

クチバシ

大きくあざやかな黄色のクチバシが特徴的です。

体色

体は黒色ですが、眉間・翼の前端・足・お尻から尾羽は白色です。

獲物を狩る体

タカやワシのなかまは積極的に獲物をねらう肉食性の鳥です。鋭く曲がったクチバシは肉を引きちぎるのにつかい、獲物をつかむ足の力もとても強くなるなど、獲物を狩るのに適した体になっています。

海ワシ類とは

オオワシは「海ワシ類」とよばれています。海ワシとは海辺や水辺に生息し、魚を主食にしているワシをいいます。海ワシにはオジロワシやハクトウワシ、サンショクウミワシなどがいます。

クマタカ

全長…オス：約72㎝
メス：約80㎝
分布…東アジア

鳥綱タカ目タカ科
学 *Nisaetus nipalensis*／
英 Mountain Hawk-Eagle／漢 熊鷹・角鷹・鵰

森の奥にすんでいて「森の王者」ともよばれています。森のなかに身を隠し、木の枝から獲物のノウサギやヤマドリなどを待ち伏せしてとらえます。
タカとワシのなかまで小さい種をタカ、大きい種をワシとよびますが、クマタカはワシとよんでいいほど大きな種です。ヤバイ

冠羽

角ばったかんむり状の羽をもつことから「角鷹（クマタカ）」とよばれたともいわれています。

クロハゲワシ

全長…100～110 cm
分布…ヨーロッパ南部・中央アジア

鳥綱タカ目タカ科

学 *Aegypius monachus*／
英 Black vulture／漢 黒禿鷲

ユーラシア大陸の乾燥した草原や高地にすみ、翼をひろげると3mにもなる大型のワシです。日本にも迷鳥として、まれに飛来することがあります。長い時間、空を飛びながら、死んだ動物をさがして食べますが、小型の哺乳類を捕食することもあります。

くさった肉を食べても胃のなかの強い酸でバイ菌を退治します
ヤバイ

頭部

ハゲワシという名前をもちますが、頭部は綿羽におおわれ、それほどハゲていません。

首の羽毛

首にはフサフサとしたえり巻き状の羽毛でおおわれています。

コンドル

全長…100〜130 cm
分布…南アメリカ

鳥綱タカ目コンドル科
学 *Vultur gryphus* ／英 Andean Condor ／
漢 公佗児

翼をひろげると3mを超えるとても大きな鳥です。大きな翼のおかげで羽ばたかずに気流にのって長い時間を飛ぶことができ、エサである動物の死がいを広い範囲でさがすことができます。

飛び方 ヤバイ

翼が幅広く大きいため、あまり羽ばたかせることなく、長い時間を飛ぶことができます。

頭部の羽毛

ハゲワシのように頭には羽毛がはえていません。

あたまはよごれてもだいじょうぶ！
ズボッ！

頭に羽がない理由

頭に羽毛がはえていないので、頭を動物の死がいに入れて食べるときでも、血液などで羽毛が汚れることはありません。

鳥綱タカ目タカ科

学 *Milvus migrans* ／英 Black Kite ／

漢 鳶・鵄・鴟

全長…オス：約59 cm

メス：約69 cm

分布…ユーラシア大陸・アフリカ・オーストラリア

翼 ヤバイ

気流にのって空高く舞い上がることのできる幅広い翼をもっています。

尾羽

飛んでいるときは三角形にひろげています。

円をえがくように舞い上がる

「トンビ」ともよばれ、「ピーヒョロロロロ」という鳴き声がよく知られています。あまり羽ばたかず、上昇気流をつかって空高く舞い上がり、獲物を見つけると、いっきに舞い降りてさらっていきます。そこから「鳶に油揚げをさらわれる」という言葉ができました。都市部にも見られ、生ゴミもあさるため、カラスと争うこともあるようです。

ハヤブサ

鳥綱ハヤブサ目ハヤブサ科
学 *Falco peregrinus*／
英 Peregrine Falcon／漢 隼・鶻・鸇

全長…オス：約42㎝
メス：約49㎝
分布…ユーラシア・アフリカ・オーストラリア・南北アメリカ・アジア

高速飛行

細長く先のとがった翼をすぼめ、尾羽もとじることで高速で飛ぶことができます。

生息数

生息数は少なく、環境省のレッドリストで絶滅危惧種に指定されています。

猛スピードで空を飛ぶ鳥としてよく知られ、急降下するときの速度は時速350㎞を超えます。この高速飛行で鳥を追いかけてとらえます。獲物をとらえる頑丈な足と鋭く曲がったクチバシをもつことから、ハヤブサもワシやタカと同じなかまと考えられていましたが、今では別のグループの鳥ということがわかりました。

空中での狩り ヤバイ

飛行能力が高く、鳥を獲物とするハヤブサは空中戦がとても得意です。
下を飛んでいる獲物とさだめた鳥にめがけて急降下し、スピードがついたところで獲物にひとけり。ここで獲物は即死か失神して落ちていくところを足のツメで空中キャッチします。

ワシやタカとの翼のちがい

ハヤブサの翼は先がとがっています。この形は空気の抵抗が少なく高速飛行に向いています。それとは逆に翼の先の羽が分かれているワシやトビなどは高速で飛ぶことはできませんが、ゆっくり飛んでも失速しないようになっています。

ノスリ

鳥綱タカ目タカ科

学 *Buteo japonicus*／英 Eastern Buzzard／漢 鵟

全長…オス：約52 cm
メス：約57 cm
分布…東アジア

体色

背中側は褐色で、腹側は白っぽいまだら模様です。地味な体の模様から「馬フンタカ」ともよばれています。

ノスリという名前は高い樹上から「野を擦る」ように地面すれすれで飛ぶことからきているといわれています。また空中に静止するように風にのり、獲物を見つけると急降下してとらえるなど、とても器用なハンターです。

低空飛行 ヤバイ

低く飛ぶことで獲物に気づかれにくくするためかもしれません。

カンムリワシ

鳥綱タカ目タカ科

学 *Spilornis cheela*／

英 Crested Serpent Eagle／漢 冠鷲

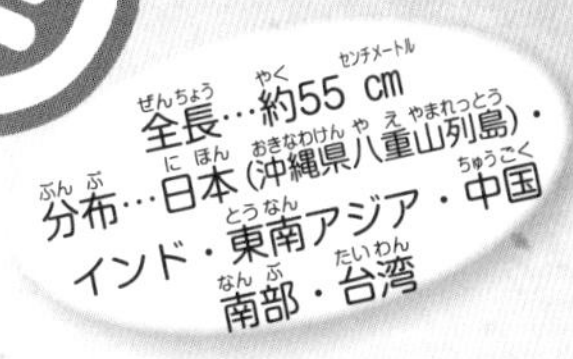

全長…約55 cm
分布…日本（沖縄県八重山列島）・インド・東南アジア・中国南部・台湾

木や電柱などにとまり、ヘビやカエル、ザリガニなどを待ち伏せします。

冠羽 ヤバイ

頭に長い羽があり、興奮したときなどに逆立てるとかんむりのような形になります。

湿地やマングローブ林など暖かい地域に生息し、日本では石垣島などの八重山列島で一年じゅう見られます。両生類、爬虫類、カニなどの甲殻類を捕食し、とくにヘビを好んで食べます。八重島列島では200羽くらいしかいない希少動物でエサを求めて道路に出て、交通事故にあうこともあり、絶滅が心配されています。

ハチクマ

全長…オス：約57 cm
メス：約61 cm
分布…日本・ユーラシア東部・中国東北部・インド・東南アジア

鳥綱タカ目タカ科

学 *Pernis ptilorhynchus*／
英 Crested Honey Buzzard／漢 蜂熊、蜂角鷹

おもにハチを食べる変わった食性のタカで、地中にあるスズメバチなどの巣を足で掘りだして食べます。ハチの毒針の攻撃を受けても平気です。平気な理由はハチの毒が効きにくい体をしているか、分厚い羽毛で毒針が貫通しないなどありますが、よくわかっていません。

足

ハチの巣を掘り起こす足は同じくらいの大きさのほかのタカよりも大きくなっています。

蜂好きな鷹 ヤバイ

子育ての期間が短いために、栄養価の高いハチの幼虫をヒナに与えていると考えられています。

ヘビクイワシ

全長…125～150 cm
分布…アフリカ中南部

鳥綱タカ目ヘビクイワシ科
学 *Sagittarius serpentarius*／
英 Secretary Bird／漢 蛇喰鷲

頭部 ヤバイ

黒い羽が長く伸びた冠羽と、目には長いまつ毛がはえています。

アフリカのサバンナで生息し、ワシのなかまではめずらしく地上で暮らしています。地上性ですが、ひろげると2mもある大きな翼で飛ぶこともあります。
その名のとおりヘビを食べるワシですが、じっさいにはヘビだけでなく、バッタやネズミなどいろいろな小動物を食べます。

えいっ！

体形

足が細長くとてもスリムな体形をしています。

フクロウ

鳥綱フクロウ目フクロウ科

学 *Strix uralensis* ／英 Ural Owl ／漢 梟・鴟

全長…約50 cm
分布…日本（九州以北）・ユーラシア

目

正面を向いた大きな目は暗いところでもよく見えます。

足

足は指まで羽毛がはえています。

夜のハンターともよばれ、暗い場所でもネズミなどの獲物をとらえることができます。平たい顔をして、目が正面寄りについていてヒトのような顔をしています。このような顔になったのは、夜間の生活に適応したからといわれています。

正面を向いた顔

平らな顔は暗い夜のなかでパラボラアンテナのように音を集める働きをして、獲物の出すかすかな音も聞き逃しません。
また、右と左の耳の穴は位置がずれていて、これで音の出ている距離を知ることができるといわれています。
さらに、フクロウの首は、左右それぞれ270°も回転させることができます。これは正面側を向いた目では見ることができない後方にも、注意ができるようにするために進化したと考えられています。

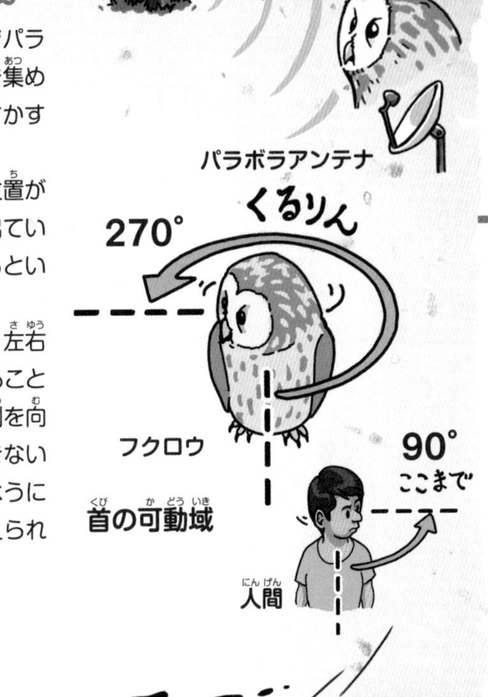

翼の羽 ヤバイ

翼の羽のふちはノコギリ状に細かくさけていて、羽ばたき音や風きり音があまりしません。これで獲物に気づかれずに近づくことができます。

コノハズク

全長…約20cm
分布…日本・インド・東南アジア・中国東部・朝鮮半島

鳥綱フクロウ目フクロウ科
学 *Otus sunia*／
英 Oriental Scops Owl／漢 木葉梟・木葉木菟

スズメより一回り大きいくらいの小型のフクロウのなかまで、「木の葉のように小さいミミズク」ということからコノハズクとよばれています。森のなかで夜に活動し、飛んでいる昆虫などをとらえて食べます。
「ぶっぽ～そ～（仏法僧）」と聞こえる鳴き声をします。

頭の羽

頭に耳のような長い羽が一対はえています。

じつは ほそいんです

体の模様

名前には「木の葉」とつきますが、体は枯れ葉のような模様になっています。

ヤバイ 羽毛をすぼめると、とてもスリムな体をしています

第5章
海をめざした鳥たち

アホウドリ

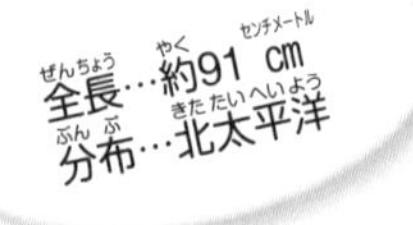

鳥綱ミズナギドリ目アホウドリ科

学 *Phoebastria albatrus*／

英 Short-tailed Albatross／漢 信天翁・阿呆鳥・阿房鳥

とても大きな海鳥です。南半球にいる最大種のワタリアホウドリは翼をひろげると3ｍ50㎝もあり、日本近海にいるアホウドリでも、約2ｍもあります。大きく細長い翼で、あまり羽ばたかずにグライダーのように風にのって、少しのエネルギーで長い距離を飛ぶことができます。

翼 ヤバイ

細長い翼で風にのって長い距離を飛行します。

体色

若鳥のころは、灰色がかった色をしていますが、年齢とともに白色の部分が増えていきます。

巣作りの場所

アホウドリなどの海鳥はふだん海上で生活していますが、子育てのときだけ離れ小島にやってきます。そこで卵を産み、子育てをします。離れ小島は卵を食べられたり、ヒナをおそったりする動物がいないのでとても安全です。

安全安心な離島生活

すんでいる場所

アホウドリは羽毛をとるために乱獲され、絶滅したと思われていましたが、1951年に鳥島で再発見されました。しかし、鳥島は火山が活発な活動を続けており、アホウドリの繁殖に大きな影響をおよぼすおそれがあります。現在は保護と繁殖地を増やすために小笠原諸島へ移住させる活動が進められています。

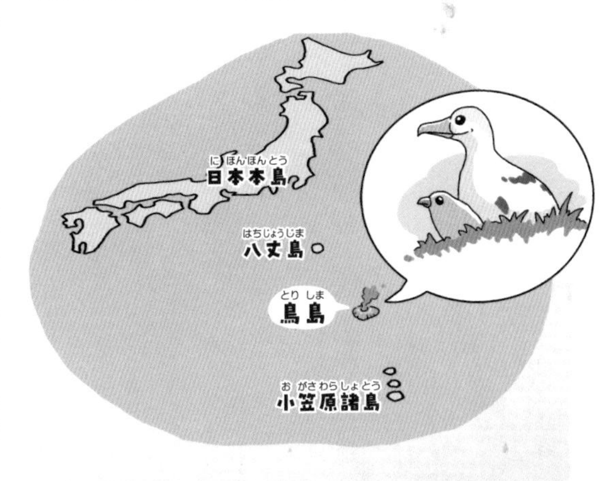

鳥綱チドリ目カモメ科
学 *Larus crassirostris*／
英 Black-tailed Gull／漢 海猫

全長…約47 cm
分布…日本・ロシア南東部・中国東部・台湾・朝鮮半島

日本近海に生息し、海鳥の代表ともいうべきカモメのなかまです。鳴き声が「ミャーオ　ミャーオ」と、ネコの鳴き声に似ていることからこの名前がつきました。

クチバシの先と目のまわりの赤色が目立ちます。

まるで歌舞伎役者のようでしょ。

足

足は黄色く、みずかきがあります。

セグロカモメ

鳥綱チドリ目カモメ科

学 *Larus vegae* ／英 Vega Gull ／漢 背黒鴎

全長…約60 ㎝
分布…東アジア・シベリア

寒い冬を越すために日本に冬鳥としてやってくる大型のカモメです。海岸や内陸の湖などで生息します。魚をおもに食べますが、動物の死がいや生ごみなど、なんでも食べます。

ヤバイ

クチバシ

下側のクチバシに赤い斑点があります。

足

足はピンク色で、みずかきがあります。

体色

「背黒」という名がついていますが、背はそれほど黒くなく、淡い灰色です。

セグロカモメ

オオセグロカモメ

LC NT VU EN CR EW EX

アオアシカツオドリ

鳥綱カツオドリ目カツオドリ科
学 *Sula nebouxii*／
英 Blue-footed Booby／漢 青脚鰹鳥

全長…76～84 cm
分布…中央アメリカ・南アメリカ西海岸・ガラパゴス諸島

とてもあざやかな青い足をしています。求愛のときにオスがこの足を踊るように交互に高く上げて、メスに見せつけます。潜ることも得意で、空から水中に飛びこんで魚をとらえて食べます。

鼻 ヤバイ

カツオドリ科の鳥は水中で水が入らないように鼻の穴がありません。

足

足が青色なのは、主食の青魚がもつ色素に由来しています。

生態

名前に「booby（まぬけ）」という単語が入っていますが、人に警戒心がなく、簡単につかまえられるからです。

オオミズナギドリ

鳥綱ミズナギドリ目ミズナギドリ科
学 *Calonectris leucomelas*／
英 Streaked Shearwater／漢 大水薙鳥

全長…約49 cm
分布…西太平洋北部

翼

アホウドリのように細長い翼で長い距離を飛ぶことができますが、離陸や着地は苦手です。

生態

繁殖期以外は、ほぼ海上で生活をします。

日本でよくみられる海鳥で、海上を飛ぶ姿が「なぎなた」で水を切っているように見えることからミズナギドリとよばれています。
細長い翼でグライダーのように長距離を飛ぶだけでなく、泳ぐことも、穴を掘って巣をつくることもでき、陸海空で活動できる万能な鳥です。

ヤバイ

ハイイロペリカン

鳥綱ペリカン目ペリカン科
学 *Pelecanus crispus* ／
英 Daimatian Pelican ／漢 灰色伽藍鳥

全長…160～180 cm
分布…ユーラシア中央部

のど袋

鳥類最大級のクチバシをもっており、下側のクチバシは袋状になっていて伸び縮みします。

体色

灰色のほかに、桃色、褐色、腰の部分が黒色の種などがいます。

みずかき

親指まで含めたすべてのあしゆびがみずかきでつながっているのはペリカンのなかまの特徴です。

ペリカンのなかまでももっとも大きな種類で翼をひろげると3m、重さは10kgを超えるとても大きな水鳥です。
川や湖にすみ、ペリカンのトレードマークでもある長いクチバシにある、のど袋をあみのようにつかって魚などをすくって食べます。

集団で狩りをする鳥 ヤバイ

ペリカンは何羽も集まり共同して魚をとらえます。魚の群れを見つけると、集まったモモイロペリカンたちが半円の陣形をとって、浅いところに追いこみます。最後はいっせいにクチバシを水中につっこんで魚をとらえます。

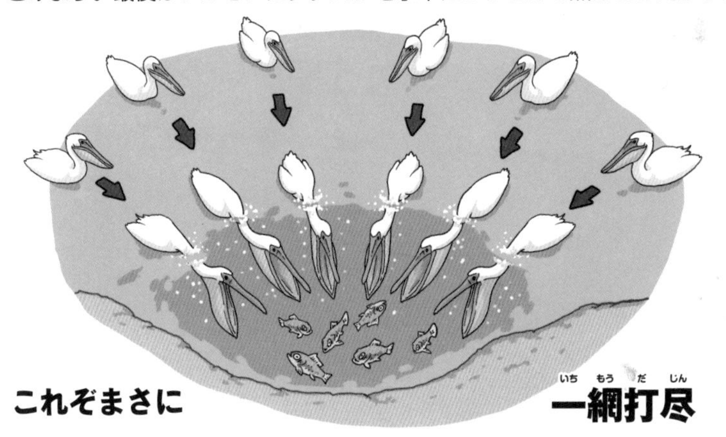

のど袋の役割

ペリカンの大きなのど袋は魚をすくいとるだけでなく、体温の調節にもつかわれています。
暑いときには体を冷やすために、のど袋をゆらして、血管に流れる血液を冷やし、からだ全体の温度を下げることができます。

鳥綱チドリ目シギ科

学 *Gallinago gallinago*／

英 Common Snipe／漢 田鴫・田鷸

全長…約27 cm

分布…日本・ユーラシア・南北アメリカ

クチバシ

丸っこい体に対して、まっすぐで細長いクチバシをもっています。

足

足が長く、水のなかに歩いて入ることができます。

シギのなかまは海岸の砂浜や干潟にすんでいる鳥ですが、タシギは田んぼや湿地などにすみ、ハトよりひとまわり小さい鳥です。細長く伸びたクチバシを泥のなかにつっこみ、ミミズや昆虫などをついばんで食べます。

やわらかクチバシ

タシギを含むシギのなかまは水や泥のなかに細長いクチバシをさしこんで食べ物をさぐります。クチバシの先には感覚神経が通うあなが密集してセンサーのようになっているうえに、やわらかくなっていて自由に動かすことができるので、小さな動物も器用につまむことができます。

エサを手さぐりするかのように、クチバシでさぐります。

クチバシの形 

細長いクチバシが特徴のシギのなかまは、それぞれとる食べ物に合わせてクチバシの形を変えて進化したため、種類によってちがう形のクチバシになっています。同じような進化をした種に、「ハチドリ」がいます。

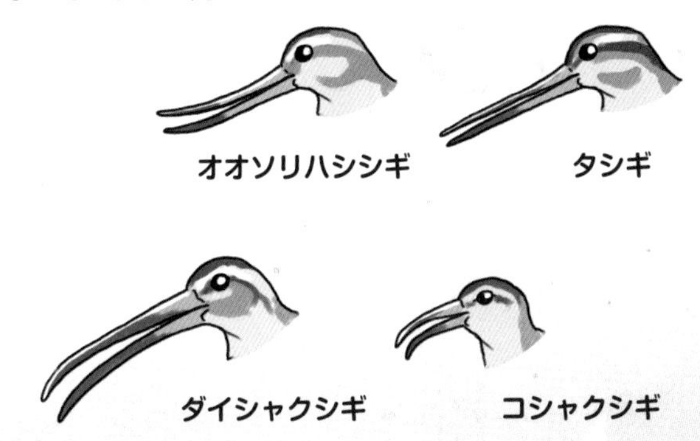

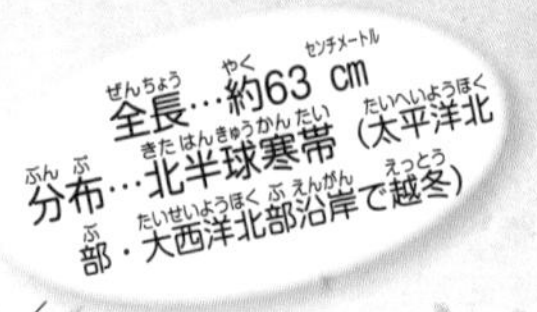

全長…約63 ㎝
分布…北半球寒帯（太平洋北部・大西洋北部沿岸で越冬）

鳥綱アビ目アビ科

学 *Gavia stellata*／英 Red-throated Loon／
漢 阿比

海を泳いだり、潜ったりするのが得意な海鳥です。かつて瀬戸内海で潜って魚をとらえるアビのなかまの習性を利用した「アビ漁」というものがありましたが、アビのなかまのエサであるイカナゴなどの小魚が少なくなり、今ではアビ漁はおこなわれていません。

ヤバイ

のど

夏羽はのどが赤茶色になります。

アビ漁

足

足は体の後ろのほうについていて、泳ぎやすいからだになっていますが、陸を歩くのは苦手です。

アシナガウミツバメ

鳥綱ミズナギドリ目ウミツバメ科
学 *Oceanites oceanicus*／
英 Wilson's Storm Petrel／漢 足長海燕

全長…16〜18.5 cm
分布…おもに南半球の海

体色
腰から尾羽の根元にかけて白色になっています。

足
細くてとても長い足をもっています。

尾羽の形がツバメに似ているため、ウミツバメと名前がついていますが、ミズナギドリに近い小型の海鳥です。チョウのようにひらひら飛んだり、海面すれすれで長い足を水面について歩くような独特な飛び方をします。オキアミなどのプランクトンや魚をとらえて食べます。

カイツブリ

鳥綱カイツブリ目カイツブリ科
学 *Tachybaptus ruficollis*／
英 Little Grebe／漢 鸊鷉・鳰

全長…約26 cm
分布…ユーラシア・オセアニア・アフリカの温帯

日本でよくみられるカイツブリのなかまです。池や沼にすんでいて潜水が得意な水鳥です。一生のほとんどを水の上で過ごし、水草を積み上げて水面に浮かんだ巣をつくります。
足の指が木の葉の形をしていて、水を力強くけって泳ぐことができます。

水をかくのに適した弁足

おんぶ

ヒナをおぶって泳ぐことがあります。

あしゆび ヤバイ

足は体の後ろのほうについているため、泳ぎは得意ですが、陸を歩くのは苦手です。木の葉のような形のあしゆびは「弁足」とよばれています。

オオチドリ

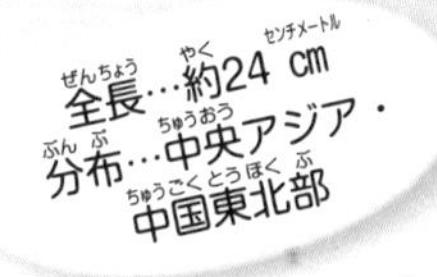

鳥綱チドリ目チドリ科

学 *Charadrius veredus* ／

英 Oriental plover ／ 漢 大千鳥

湿地や干潟などによくすんでいるチドリのなかまですが、オオチドリは草原など乾燥したところを好みます。ひらけた場所にすむチドリのなかまは、いずれもふらふら歩く人のようすをたとえた「千鳥足」という言葉があるように右左ジグザクにちょこちょことよく歩きます。

足 ヤバイ

後ろ向きのあしゆびがなく、前向きの3本の指だけになっています。チドリのなかまはよく歩く鳥なので後ろ向きの指はとくに必要なくなって退化したのかもしれません。

カンムリウミスズメ

鳥綱チドリ目ウミスズメ科

学 *Synthliboramphus wumizusume*／
英 Japanese Murrelet／漢 冠海雀

全長…約24 cm
分布…日本近海・韓国南部

冠羽

夏羽は、頭の羽毛が長くなってかんむり状になります。

体色

白黒のツートンカラー、ずんぐりした体形でペンギンによく似ています。

ウミスズメのなかまで、世界でも日本周辺にしか繁殖地がありません。国の天然記念物に指定されています。ほかのウミスズメのなかまと同様に潜水が得意で海のなかで翼を羽ばたかせて泳ぎ、小魚やオキアミなどを食べます。一生のほとんどを海の上で過ごしますが、島の岩場などで卵を産み、子育てをします。

エトピリカ

全長…約39 cm
分布…北太平洋

鳥綱チドリ目ウミスズメ科
学 *Fratercula chirrhata*／
英 Tufted Puffin／漢 花魁鳥

冬羽
冬になると顔は黒くなり、
頭の冠羽はなくなります。

顔 ヤバイ
黄色い冠羽、白い顔面、赤く大きなクチバシなど、とてもはでな顔をしています。

海を潜ることが得意なウミスズメのなかまです。今はごくわずかですが、北海道の一部でも見られます。
エトピリカとはアイヌ語で「うつくしいクチバシ」という意味で、とてもあざやかな色をしたクチバシをしています。海岸や島の崖の上で巣穴を掘り、卵を産みます。

オオウミガラス

鳥綱チドリ目ウミスズメ科

学 *Pinguinus impennis* ／英 Great Auk／

漢 大海鳥

全長…約80 cm
分布…北大西洋・北極海

生息地の火山噴火や、乱獲につぐ乱獲で、1844年に発見されたのを最後に絶滅したウミスズメのなかまです。ウミスズメのなかまは空を飛ぶことができますが、オオウミガラスは翼が退化して飛べなくなった種です。

翼

翼は小さくなりましたが、ペンギンとちがって折りたたむことはできたようです。

体色 ヤバイ

白黒の体色で、ペンギンに似ていました。もともとこの鳥がペンギンとよばれていたようです。

北極海に生息していたオオウミガラス（ペンギン）に似た南極のこの鳥が、のちにオオウミガラスに変わってペンギンとよばれるようになりました。

コペプテリクス

鳥綱カツオドリ目プロトプテルム科

学 *Copepteryx hexeris* ／英 Copepteryx

全長…約2m
分布…日本（九州）

翼

翼の形状がペンギンのようにヒレ状に進化して、泳ぐのが得意だったとみられています。

首

現生のペンギンと比べると、ウなどのカツオドリ科のような首が長い姿だったと考えられています。

大昔に絶滅したプロトプテルム科の一種で、大きなもので全長2m近くもあったとされる海鳥です。翼がヒレ状になっており潜水が得意だったとみられます。
その姿から「ペンギンモドキ」とよばれています。ペリカンやカツオドリの親戚であるとみられていますが、ペンギンのなかまとする説もあり、よくわかっていません。

2mの巨大ペンギン？

ワイヌマ

全長…約1m
分布…ニュージーランド

鳥綱ペンギン目

学 *Waimanu manneringi* ／英 Waimanu

恐竜が絶滅して間もない6000万年前、知られる限りでもっとも古い時代に生息したペンギンです。ペンギンのなかまで空を飛べなかったのですが、翼はヒレ（フリッパー）になっておらず、ほかの鳥のように折りたたむことができたようです。

体

体の大きさは1mほどでコウテイペンギンのような大型の鳥と推測されています。

翼 ヤバイ

翼はヒレ状ではなく、折りたたむことができたようです。

ケープペンギン

鳥綱ペンギン目ペンギン科
学 *Spheniscus demersus*／
英 African Penguin

全長…68～70 cm
分布…アフリカ南部

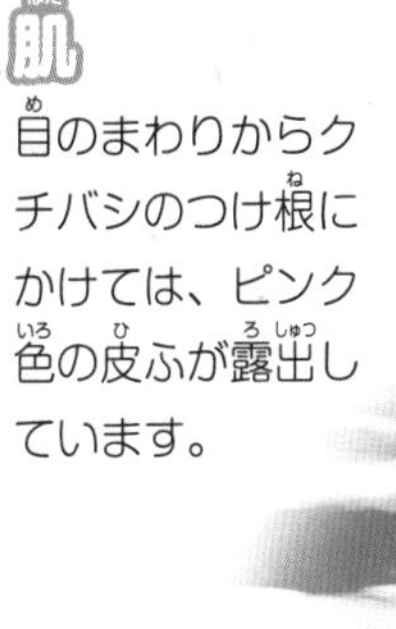

肌
目のまわりからクチバシのつけ根にかけては、ピンク色の皮ふが露出しています。

足
黒色の足をしていますが、ピンク色とのまだらになっているものもいます。

南アフリカ沿岸部に生息し、アフリカ大陸で繁殖する唯一のペンギンで「アフリカペンギン」ともよばれています。ほかのペンギンよりも暖かい地域にすみ、体に熱がこもりやすいために、目のまわりに羽毛がはえていません。

マカロニペンギン

鳥綱ペンギン目ペンギン科

学 *Eudyptes chrysolophus* ／

英 Macaroni Penguin

全長…55～62 cm
分布…亜南極海

冠羽

まゆ毛のような、長い飾り羽がはえています。

クチバシ

太く頑丈なクチバシをもっています。

足

足は、がっしりとしていてピンク色です。

頭にオレンジ色の飾り羽（冠羽）をもつペンギンです。マカロニとはイギリスにあったオシャレな人が集まるマカロニクラブという社交場からきているといわれています。
マカロニペンギンのなかまはイワトビペンギンやロイヤルペンギンなども頭にこのような飾り羽をもっています。

ペンギンの移動方法 ヤバイ

泳ぎが得意なペンギンは、陸上を歩くのはとても苦手です。氷や雪の多い南極大陸にすむコウテイペンギンは腹ばいになって地面をけり、滑って移動したほうが楽なようです。また、マカロニペンギンの一種のイワトビペンギンは両足をそろえてぴょんぴょん飛び跳ねながら移動します。

マカロニペンギンのなかま

頭に飾り羽があるマカロニペンギンのなかまは、ペンギンのなかでも種類が多く、8種から9種ほどいます。
それぞれの種類で、飾り羽の形や顔の色や模様がちがいます。

ジェンツーペンギン

鳥綱ペンギン目ペンギン科
学 *Pygoscelis papua* ／
英 Gentoo Penguin

全長…76～81㎝
分布…南極沿岸

顔

顔に目と目をむすぶようにU字形の白い模様があります。

足

あざやかな黄色の足をもっています。

アデリーペンギンのなかまです。ペンギンのなかまは水中で抵抗の少ない流線形の体形とヒレのようになった翼（フリッパー）をつかってすばやく泳ぐことができます。そのなかでもジェンツーペンギンは鳥類のなかでもっとも速く泳げ、最高時速は35㎞ともいわれています。

ヒゲペンギン

全長…68～77cm
分布…南極沿岸

鳥綱ペンギン目ペンギン科
学 *Pygoscelis antarcticus* ／
英 Chinstrap Penguin

アデリーペンギンのなかまです。白い顔にアゴヒゲのような黒い模様があるのが特徴です。アデリーペンギンのなかまは攻撃的な性格でなわばりに侵入されると、逃げずに相手に飛びかかっていきます。

ツメをつかってほかのペンギンがやってこないような岩場にのぼり、小石を積み上げて巣をつくります。

ヤバイ

目は茶褐色。頭頂部は黒色で、そこから顎の下をとおる帽子のあごひものような模様があります。

日本語では
ヒゲペンギン

英語では
アゴヒモペンギン

アデリーペンギン

鳥綱ペンギン目ペンギン科
学 *Pygoscelis adeliae* ／
英 Adelie Penguin

全長…約71 cm
分布…南極沿岸

顔

顔から背中にかけては黒色ですが、目のまわりだけ白くふちどられたようになっています。

おなか ヤバイ

おなかには、羽毛がはえていない抱卵班とよばれるところがあります。卵をあたためるために、腹ばいになっておなかの皮ふを直接あてます。

アデリーペンギンの巣

3種いるアデリーペンギンのなかまは、ほかのペンギンよりも小柄で、尾羽が長いことが特徴です。また、目のまわりに白いふちどりがあります。繁殖地は南極大陸の海岸や周辺の島で、雪がとける夏に繁殖をはじめ、小石を円形に積み上げて巣をつくります。高く積み上げるのは夏でも雪が降ることがあり、卵が冷たい雪解け水につからないようにするためです。

フンボルトペンギン

鳥綱ペンギン目ペンギン科
学 *Spheniscus humboldti*／
英 Humboldt Penguin

全長…65～70 cm
分布…南アメリカ東部沿岸

肌
クチバシや目のまわりなど、ピンク色の皮ふが露出しています。

巣
卵を天敵のカモメやキツネから隠し、高い気温から身を守るために、掘った穴や、岩の割れ目などに巣をつくります。

南アメリカ大陸の西側の沿岸に生息している小型のペンギン。ほかのペンギンより暖かい場所にすんでいるため、日本の気候でも飼育しやすく多くの水族館などで飼育されています。
南極から流れてくるペルー海流にのって暖かい地域にすむようになったようで、フンボルトペンギンの親戚のガラパゴスペンギンは熱帯地域のガラパゴス諸島の周辺にすんでいます。

ヤバイ

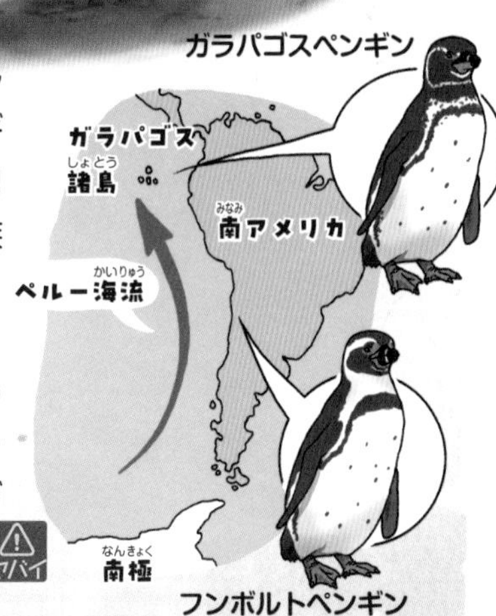

コウテイペンギン

鳥綱ペンギン目ペンギン科

学 *Aptenodytes forsteri*／

英 Emperor Penguin／漢 皇帝片吟

全長…112〜115㎝
分布…南極沿岸

体色

成鳥になると、耳から胸にかけて黄色やオレンジ色になります。

クチバシ

下のクチバシの根元がオレンジ色になります。この部分は下嘴板（嘴鞘）とよばれ、表面がはえかわります。

卵

オスは卵が地面につかないように、足とおなかの間にのせてヒナがかえるまで2か月あたため続けます。この間、オスは何も食べずに厳しい寒さを耐えぬきます。

現生最大のペンギンで背丈は110㎝ほどもあります。空を飛ぶことはできず、地上ではよちよち歩きしかできませんが、海中では自由に泳ぎまわり、250mくらいの深さまで20分近くもぐることもできます。

極寒の子育て ヤバイ

南極周辺にすむペンギンは暖かい春から夏にかけて子育てをしますが、コウテイペンギンはこともあろうに、寒さが厳しい真冬に子育てをします。ヒナが立派な若鳥になるまでに７か月もかかり、真冬の間に子育てをはじめないと寒さに耐えられるくらいに成長できないからです。

5月ごろ、卵を産んだ母親は、父親に卵をたくして、エサのある海へ旅立ちます。

秋
内陸の巣から海までさらに２か月かかります

夏
12月ごろになるとヒナは一人前になります。

冬

父親は２か月も飲まず食わずで卵をあたため続けます。

卵からヒナがかえります。

おなかにエサをたくさんたくわえた母親がかえってきてヒナにエサを与えます。
次は父親がエサをとりに行きます。

大きなペンギン

コウテイペンギンは世界最大のペンギンですが、大昔にはさらに大きなペンギンがいました。ニュージーランドで発見されたペンギンの化石は3500万年前のもので、人間のおとなと変わらない大きさの全長160 cm はあった巨大なペンギンだったと推測されています。

キングペンギン

鳥綱ペンギン目ペンギン科

学 *Aptenodytes patagonicus* ／

英 King Penguin ／ 漢 王様片吟

全長…94～95 cm
分布…亜南極海

クチバシ

下側のクチバシの根元（下嘴板）がオレンジ色やピンク色になります。コウテイペンギンと同じように表面がはえかわります。

ヒレ状になったフリッパーはコウテイペンギンより体の大きさに対して長めです。

ヤバイ

抱卵のヒミツ

あまりの寒さのために卵が地面につくと、死んでしまうこともあります。そうならないように足の上にのせて、おなかの皮ふで包むようにしてあたためます。

コウテイペンギンに次いで2番目に大きいペンギンです。南極周辺の島で、ものすごい数の大集団をつくって繁殖します。コウテイペンギンと同じように巣はつくらず足の上に卵をのせてあたためます。あるていど成長したヒナは、ヒナだけで集まって「クレイシー」とよばれる集団をつくります。

第6章

山里の野鳥たち

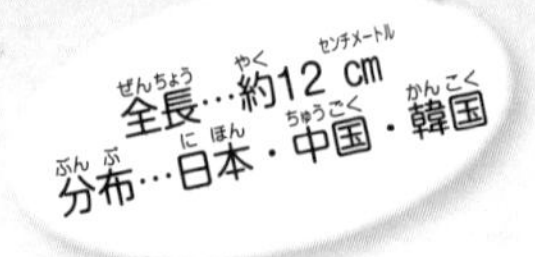

鳥綱スズメ目メジロ科

学 *Zosterops japonicus* ／

英 Japanese White-eye ／漢 目白・繍眼児

羽毛

頭から尾羽にかけて、うぐいす色に似た黄緑色、のどは黄色、おなかは灰色や白色をしています。

目

メジロもメグロも目のまわりが白くなっています。

ウメやツバキなどの花の蜜を好み、ミツバチのように花の蜜を吸うときに体に花粉をつけて運ぶので、花の受粉の役に立っています。スズメより小さな鳥ですが、飛ぶ力は強く、メジロのなかまのメグロは日本本島から遠く離れた小島にまでたどり着き、そこで固有種になっています。

蜜を吸うために進化

花の蜜をエサにするメジロは、花の蜜がよくからむように舌がブラシのようになっています。

ヤバイ

「目白押し」の語源

人や物が一か所に集まっていることを「目白押し」といいますが、この言葉は、一つの枝に何羽ものメジロが押し合いへし合いするように、ならんでとまるようすから生まれたといわれています。

メグロのなぞ

メグロは遠くまで飛ぶ能力がありますが、なぜか島から島へ移動することなく、すんでいる島で定着しています。そのためかメグロが絶滅してしまった島がいくつかあります。

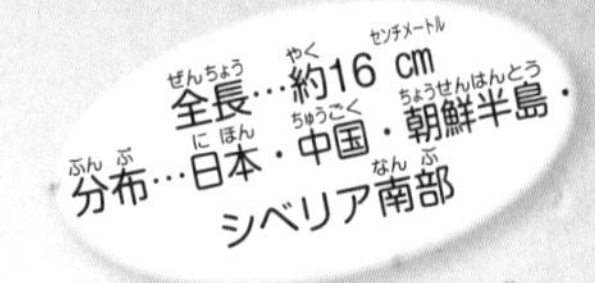

全長…約16 cm
分布…日本・中国・朝鮮半島・シベリア南部

鳥綱スズメ目ホオジロ科

学 *Emberiza cioides*／

英 Meadow Bunting／漢 頬白

顔

ほっぺの白色を囲むように、黒色の帯の模様がありますが、黒色をしているのはオスのみで、メスは茶褐色です。

羽毛

体の色はスズメに似ていますが、頭は白黒模様です。

ほっぺたの部分に白い模様があることから、ホオジロとよばれています。スズメと変わらない大きさで体の色も似ていますが、尾羽が長い分、スズメよりすこし大きく見えます。さえずり声が美しく、古くからしたしまれています。さえずるときは、顔をななめ上に向けて、大きく胸をはる独特な姿勢をします。

ウグイス

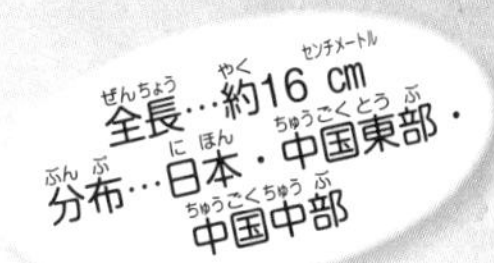

鳥綱スズメ目ウグイス科

学 *Horornis diphone* ／

英 Japanese Bush Warbler ／漢 鴬

羽毛

くすんだ茶色がかった緑色で、やぶや草のしげみにいるので目につきにくい鳥です。

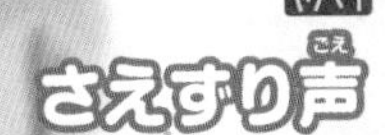

さえずり声

美しい声のもちぬしとして、コマドリ、オオルリとあわせて「日本三鳴鳥」の一つに挙げられています。

「ホーホケキョ」というさえずりでよく知られる小鳥です。うぐいす色という色がありますが、本来のウグイスの体はうぐいす餅のようなあざやかな色ではなく、くすんだ茶色に近い色です。一般的に知られるうぐいす色はメジロに近い色です。

ヒバリ

全長…約17 cm
分布…日本・イギリス・アフリカ北部・ユーラシア

鳥綱スズメ目ヒバリ科
学 *Alauda arvensis* ／英 Eurasian Skylark／
漢 雲雀・鴿・鷚・告天子

冠羽
頭には立ち上がった冠羽があります。

巣
草地の目立たない場所にくぼみをつくって巣をつくります。

ヤバイ

ヒバリのなかまは砂漠や草原などのひらけたところにすんでいるため、目立たないように見た目が地味です。
ヒバリも地味ですが、大空に高く舞いながら大きな声でさえずる目立つ行動をします。この行動はなわばり宣言をしているところといわれています。

エナガ

鳥綱スズメ目エナガ科

学 *Aegithalos caudatus*／

英 Long-tailed Tit／漢 柄長

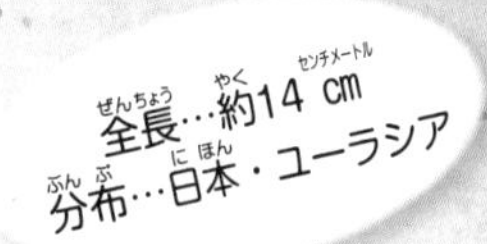
全長…約14 cm
分布…日本・ユーラシア

首が短く、正面からだと丸く見えます。北海道にすむエナガは顔の色が真っ白のため、より丸さが引き立っています。

尾羽 ヤバイ

長い尾の羽は、ひしゃくの柄に見立てられて、名前になりました。この尾羽は細い枝に止まるときのバランスとりに役立ちます。

エサとってきたから
こどもにあげて
いつもこどものお世話
ありがとう

とても長い尾羽が特徴の小鳥です。繁殖期にはコケや羽毛をクモの糸をくっつけてドーム状の巣をつくります。自分の子供がいないエナガは自分の子供でもないヒナにエサを運んで与えたりして、親鳥たちと一緒に子育てをする習性が見られます。

シジュウカラ

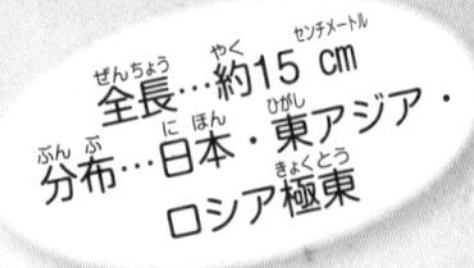

全長…約15 cm
分布…日本・東アジア・ロシア極東

鳥綱スズメ目シジュウカラ科

学 *Parus cinereus*／英 Japanese Tit／

漢 四十雀

体の模様

のどから胸にかけて黒いネクタイのような模様があります。この模様はオスが太く、メスが細くなっています。

鳴き声 ヤバイ

近年のシジュウカラ研究で、その鳴き声が言葉としてつかわれ、意思疎通をしていることが証明されました。

平地や山地の林にすみますが、街中でもよくみられる小鳥です。木の穴などに巣をつくりますが、巣箱をよく利用する野鳥として知られ、街中では、人工物であっても、せまい穴やすき間なら、どこでも巣をつくります。

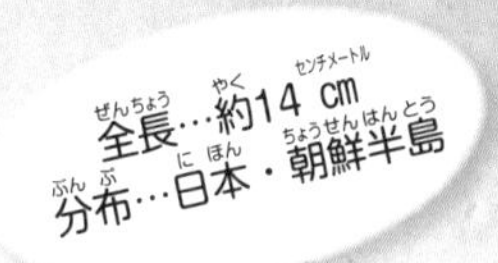

鳥綱スズメ目シジュウカラ科

学 *Sittiparus varius*／英 Varied Tit／

漢 山雀

性格

警戒心が薄く、人をあまり恐れないので、個体によっては人の手からエサを食べることもあります。

足

物をつかむのが得意な器用な足をもっています。

平地から山地の森や林に生息しています。昆虫やクモなどを食べますが、とくに木の実を好み、かたい木の実を両足で押さえながらクチバシでつつき割って食べます。また木の実を土のなかや、木の幹の割れ目などに隠して貯めておく習性があります。

オオルリ

全長…約17 cm
分布…日本・朝鮮半島・中国東北部

鳥綱スズメ目ヒタキ科
学 *Cyanoptila cyanomelana*／
英 Blue-and-white Flycatcher／漢 大瑠璃

さえずり声

美しいさえずりをする鳥で、ウグイス、コマドリとあわせ、「日本三鳴鳥」に数えられています。

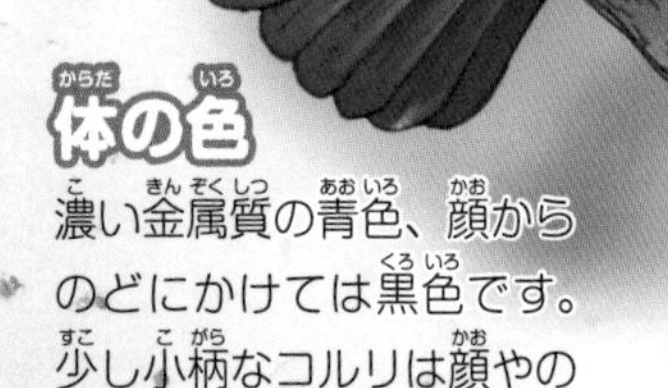

体の色

濃い金属質の青色、顔からのどにかけては黒色です。少し小柄なコルリは顔やのどが白色です。

日本では夏鳥で山地の渓流沿いで見られます。オスの背中は光沢のある濃い青色（瑠璃色）でおなかは白く、さえずり声もとても美しい鳥です。メスは地味な羽色ですが、崖や岩のすきまに巣をつくるため、目立たず見つかりにくい色をしています。

ルリビタキ

全長…約14 cm
分布…日本・朝鮮半島・中央アジア・東南アジア

鳥綱スズメ目ヒタキ科
学 *Tarsiger cyanurus* ／
英 Red-flanked Bluetail ／ 漢 瑠璃鶲

生息場所

ふだんは1羽で高い山の針葉樹林にすんでいますが、寒くなると低地の森や公園などに下りてきます。

体の色

オスとメスの全体の羽の色はちがいますが、オスとメスともにわき腹の羽はオレンジ色です。

オスは頭から背中にかけて美しい青色（瑠璃色）をしており、「オオルリ」「コルリ」と本種で「瑠璃三鳥」といわれ、日本で見られる青い鳥です。
メスはオスと比べると地味で頭から背中にかけてはオリーブ色で尾羽の先がわずかに青色です。

キビタキ

全長…約13.5 cm
分布…日本・中国東北部・ロシア南東部

鳥綱スズメ目ヒタキ科

学 *Ficedula narcissina* ／
英 Narcissus Flycatcher ／漢 黄鶲

体の色

オスは背中側が全体的に黒いので、のどのオレンジ、まゆや腰の黄色い模様が引き立ちます。

さえずり声

繁殖期には、高い声で美しくさえずることで知られています。

オスは黒とあざやかな黄色のくっきりとしたカラフルな色合いの羽色ですが、メスは全体的にオリーブ色で色合いが淡く地味な見た目です。
鳥類にオスが派手な色合いの種が多いのはメスにモテるためで、自分の子孫を残すために進化したのでしょう。

ミソサザイ

全長…約10 cm
分布…日本・朝鮮半島・中国・西アジア・中央アジア・ヨーロッパ・アフリカ北部

鳥綱スズメ目ミソサザイ科
学 *Troglodytes troglodytes*／
英 Eurasian Wren／漢 鷦鷯・三十三才

尾羽
体に対して長い尾羽をもっていますが、上に向かって立ち上げる習性があります。

クチバシ
細いクチバシのなかは、黄色くなっています。

スズメよりも小さく日本で最小の鳥の一つですが、その小さな体に似合わない大きく美しい声でさえずります。
ミソサザイのなかまは日本で見られる本種をのぞいて南北アメリカ大陸に分布しています。

カッコウ

全長…約35㎝
分布…日本・ユーラシア・アフリカ

鳥綱カッコウ目カッコウ科
学 *Cuculus canorus* ／
英 Common Cuckoo ／漢 郭公

鳴き声

オスは「カッコー」という鳴くことが名前の由来となっています。

翼

体の割に大きくとがった翼と、長い尾羽をもっています。

日本には5月ころに夏鳥として飛来します。ほかの鳥が食べないようなドクガなどの毒のある毛虫を好んで食べます。巣をつくらず、ほかの種の鳥の巣に卵を産んで、それを育てさせる「托卵」という習性をもつことでよく知られています。

あしゆび

カッコウの足の指は、一般的な鳥類の3本＋1本ではなく、前後に2本ずつあります。

ほかの鳥に子育てをさせる鳥 ヤバイ

カッコウや、そのなかまのホトトギスは、ほかの鳥の巣に卵を産みつけて、自分の産みつけた卵からかえったヒナをほかの鳥に育てさせる「托卵」をします。カッコウはオオヨシキリやモズなどに、ホトトギスはウグイスによく托卵します。産みつけられた卵は、ほかの卵より先にかえり、ほかの卵を巣から押し出して、エサを独占してしまいます。

ほかの鳥の巣に卵を産みつけようとねらっているカッコウ

親鳥が留守中に巣に卵を産みつける

先に卵からかえったカッコウのヒナがほかの卵を巣から出す

エサをひとり占めして大きく育つ

ほかの鳥をだます偽装手口

カッコウのなかまは托卵する相手に見やぶられないようにするため、相手の卵とそっくりな卵を産みます。

ブッポウソウ

鳥綱ブッポウソウ目ブッポウソウ科

学 *Eurystomus orientalis* ／

英 Oriental Dollarbird ／漢 仏法僧

全長…約30 cm

分布…日本・ユーラシア東部・オーストラリア

体の色

クチバシと足は赤く、頭は黒色、体は青緑色でカラフルな鳥です。

鳴き声

「ブッポウソウ」ではなく、「ゲゲゲゲッ」と鳴きます。

飛んでいる昆虫を空中でとらえて食べます。

夜の森のなかで「ブッポウソウ（仏法僧）」と聞こえる鳴き声をすることからブッポウソウとよばれていましたが、この鳴き声のぬしはこの鳥ではなく、フクロウのなかまのコノハズクであることがわかっています。

鳥綱スズメ目ツグミ科

学 *Turdus eunomus*／

英 Dusky Thrush／漢 鶫

全長…約24 cm
分布…日本・台湾・中国南部・ミャンマー北部・ロシア東部

鳴き声

冬は繁殖期ではないため、日本でさえずりを聞くことはあまりなく、「口をつぐむ」ことからツグミとよばれたともいわれています。

模様

胸には黒いうろこ模様があります。

日本には10月ころから大きな群れで渡ってくる冬鳥です。日本にたどり着くと、群れはバラバラになって林や田畑にすみつきます。春になると、また群れをつくって、北へもどっていきます。

木の実や柿などを食べるほか、地上を走りながらミミズや昆虫などをとらえて食べます。

周囲を警戒するため
歩いては立ち止まって胸をはる

オシドリ

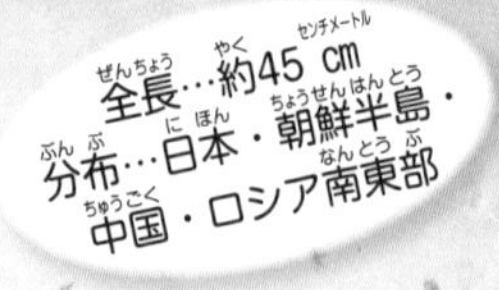

鳥綱カモ目カモ科

学 *Aix galericulata* ／英 Mandarin Duck／

漢 鴛鴦

体の色

オスは色彩豊かな羽色ですが、メスは全体的に地味で、対照的です。

翼

オスの翼の風切り羽の根元に銀杏羽という、ひときわ大きな羽があり、とまっているときにはメスへのアピールのために、上に立てています。

水辺近くの木の穴に巣をつくり、ドングリなどを食べています。仲の良い夫婦のことを「おしどり夫婦」といいますが、じっさいのオシドリは毎年ペアの相手が変わり、繁殖期以外は別々で行動をします。

ヤバイ

キジ

全長…オス：約80 cm
メス：約58 cm
分布…日本

鳥綱キジ目キジ科

学 *Phasianus versicolor*／

英 Japanese Pheasant／漢 雉・雉子

顔 ヤバイ

オスの目のまわりは赤く、繁殖期には大きくふくらみます。

尾羽

オスはとくに尾羽が長く、羽色があざやかで派手な姿をしています。

日本の固有種で、童話の「桃太郎」をはじめ、俳句、和歌にもよく登場し、古くからなじみのある鳥で、日本の国鳥にも選ばれています。オスは見た目が派手で飛ぶ姿が力強く、メスは火事で巣に火が燃えうつっても子を守ろうとした故事から強い母性愛があるといわれています。

インドクジャク

鳥綱キジ目キジ科

学 *Pavo cristatus* ／

英 Indian Peafowl ／漢 印度孔雀

全長…オス：180〜230 cm
　　　メス：90〜100 cm
分布…インド・スリランカ・ネパール南部・パキスタン東部・バングラデシュ西部

飛行

とても長い飾り羽をもっているので、飛べない鳥と思われがちですが、しっかりと飛ぶことができます。

冠羽

後頭部に先端がうちわのような形になった長い冠羽がはえています。

キジのなかまで草原などで、オス1羽と複数のメスの群れですごします。春から初夏の繁殖期にはオスはとても立派な飾り羽を大きくひろげて、メスに求愛します。繁殖期を過ぎると飾り羽は抜け落ちてしまいます。
インドの国鳥ですが、日本にすみつき繁殖しています。在来のトカゲやチョウを食べるため、要注意外来生物に指定されています。

大きな飾り羽 ヤバイ

オスはメスに求愛するとき、色彩豊かで、目玉模様のある飾り羽をおうぎ状にひろげ、メスにアピールをします。この派手な飾り羽は尾羽ではなく、「上尾筒」という背中をおおう羽が、140～160㎝以上も伸びたものです。

!
かわいい子見っけ！
よいしょ！
気に入ったメスを見つけると、メスの気を引くためにがんばります

メスの、オスの選び方

オスの立派な飾り羽は目立つので敵にも見つかりやすく、エサをさがして動きまわるのもたいへんです。しかし、メスはそのようなハンデをのりこえて生きてきたオスはすぐれていて、飾り羽の立派なオスほど強いと感じて、そのオスを繁殖相手に選ぶのかもしれません。
立派な飾り羽をもつオスのほうが子孫を残しやすいというわけです。

バサ
バサ
あんなジャマなものつけて、一等だなんて、すごいヤツかも！

ダイサギ

鳥綱ペリカン目サギ科
学 *Ardea alba* ／英 Great Egret ／
漢 大鷺

全長…約90 cm
分布…日本・アジア南部・オーストラリア・南北アメリカ・北アフリカなど

クチバシ ヤバイ

クチバシは、夏は黒く、冬は黄色になります。

飾り羽

夏になると、胸や背中にレース状の繊細な長い飾り羽がはえます。

細長い首や足、クチバシが長いサギのなかまで、そのなかでも広範囲に分布しています。
河川や沼などの水辺でS字に曲げた細長い首をすばやく伸ばして水中の魚やザリガニ、カエルなどをとらえて食べます。

タンチョウ

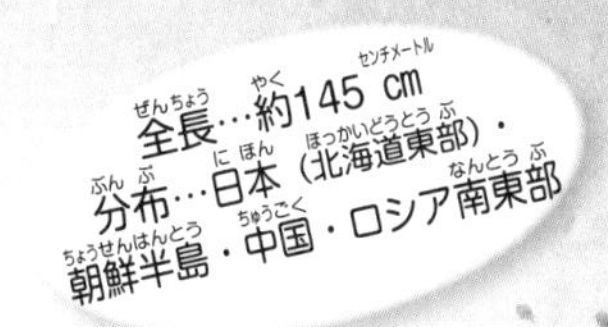

全長…約145 cm
分布…日本（北海道東部）・朝鮮半島・中国・ロシア南東部

鳥綱ツル目ツル科

学 *Grus japonensis*／

英 Japanese Crane／漢 丹頂・丹頂鶴

ツルのなかまで、日本では最大の代表的なツルです。１年をとおして北海道東部ですごしています。体は白色、目のまわりやのど、羽の先が黒色で、頭のてっぺんは赤い皮ふが露出しています。冬にはオスとメスがおたがいに飛び跳ね、鳴き交わす求愛ダンスをします。

頭部 ヤバイ

ニワトリのトサカのように頭のてっぺんには羽毛がなく赤い皮ふが出ています。

尾羽

尾の羽は白色です。翼をとじたときに尾のあたりが黒く見えますが、これは翼の羽の一部です。

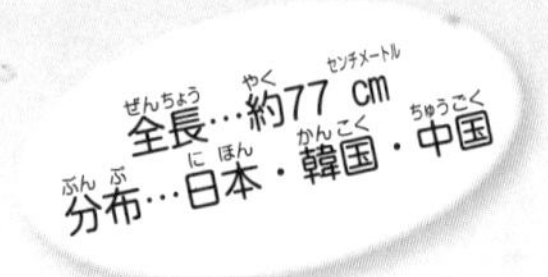

鳥綱ペリカン目トキ科

学 *Nipponia nippon* ／

英 Japanese Crested Ibis ／ 漢 朱鷺・鴇・紅鶴

頭

顔には羽毛がなく、赤色の皮ふが露出しています。クチバシは黒色で、後頭部にはたてがみのような冠羽がはえています。

飛行

飛ぶときはサギのように首を折りたたむことはなく、のばした姿勢で飛びます。

羽色 ヤバイ

体は薄い紅色（トキ色）をしていますが、繁殖期になると頭から背中にかけて灰色になります。

沼や水田などで、下に曲がった鎌のような長いクチバシでドジョウやカエルなどをとらえて食べます。
繁殖期になるとオスもメスも首あたりの皮ふからでる黒い粉を、水浴びのあとに体にぬりつけて、灰色になります。これで目立たなくなり、外敵から身を守るともいわれています。

害鳥として駆除されていた

江戸時代以前には日本各地で見られた鳥でしたが、明治時代になってから水田の害鳥として、また、美しい羽をとるために猟の標的にされ、数を減らしていきました。
2003年には飼育されていたトキが死亡したことにより、日本で生まれたトキは絶滅しました。今は中国から贈られたトキを繁殖させ、自然に放す取り組みを行っています。

自然からいなくなった鳥

トキと同じような運命をたどった鳥にコウノトリがいます。赤ちゃんを運んでくる「幸の鳥」ともいわれるコウノトリは江戸時代まで各地で繁殖していましたが、現在では自然のなかで繁殖していません。飼育されていたコウノトリを繁殖させて野生に帰す活動が進められています。

アオゲラ

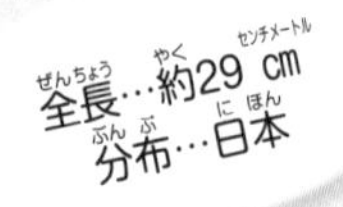
全長…約29 cm
分布…日本

鳥綱キツツキ目キツツキ科

学 *Picus awokera* ／

英 Japanese Green Woodpecker ／ 漢 緑啄木鳥

羽

頭やほっぺたが赤く、背中や翼が暗い緑色です。日本では古くから緑色のことを青色とも表すことから、アオゲラと名付けられました。おなかが赤いキツツキもいますが、こちらはアカゲラとよばれています。

ツメ

木の幹に垂直にとまるときにしっかりと木の皮をつかめるように、4本あるあしゆびのうち2本が後ろ側に向いています。

アオゲラはクチバシで木の幹をつついて穴をあけるキツツキのなかまで、日本にだけにすむ固有種です。
平地から山地にかけての森に生息していますが、最近では都市部の公園などでも見られます。

独特な頭部

木に穴をあけて、なかの虫を食べるキツツキのなかまは、舌がとても長く、鼻のあたりから頭骨の後ろにまわって口のなかまでのびています。
舌の先がブラシのようになっていて、穴のなかの虫をとらえやすくなっています。

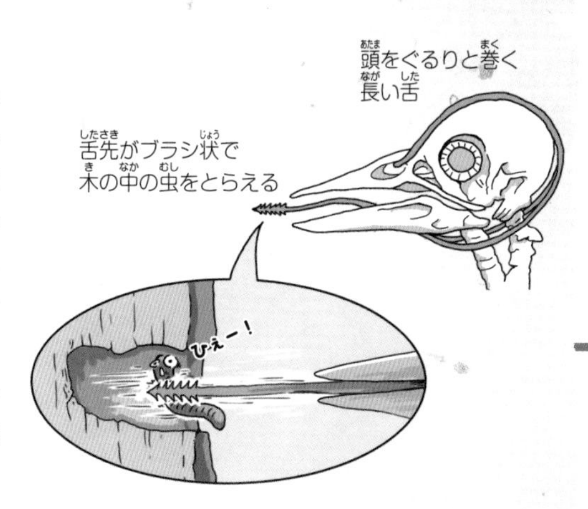

垂直にとまるために発達

木の幹に垂直にとまるのも、キツツキのなかまの得意技です。
尾羽の中央２枚の羽の軸にはみぞがあって折れにくく、かたくしっかりしているので、それを幹に押しつけて体を支えることができます。

目玉を固定する
まぶたがある
ドドドッ
ガシッ
かたい尾羽と
がっしりとつかむ
ことのできる足で
体を支えるよ
ヤバイ

カワセミ

鳥綱ブッポウソウ目カワセミ科

学 *Alcedo atthis* ／英 Common Kingfisher ／

漢 川蝉・翡翠・魚狗・水狗・魚虎・魚師・鴗

全長…約17 cm
分布…日本・中国・東南アジア・南アジア・ユーラシア

体の色

頭から背中は青緑色、おなか側はオレンジ色と色彩豊かな羽色から「飛ぶ宝石」とよばれています。

クチバシ

体に対して、頭部が大きく、クチバシが長いのが特徴です。また足が短いのも特徴的です。

体はスズメほどの大きさの鳥ですが、クチバシが大きいため、スズメより大きく見えます。

空中で羽ばたきながら同じ場所にとどまって（ホバリング飛行）水中に飛び込んだり、水辺の石や木の枝の高いところから水中に飛び込んだりして、魚をつかまえます。

巣づくり

カワセミは川の土手の崖になっているところに穴を掘り、巣をつくります。そのためか2本の足の指が途中からくっついていて、巣穴を掘るときにスコップのように土をかきだすのに役立っています。

流線型のクチバシ

カワセミのクチバシは空中から水中に飛び込むときに、抵抗なくすんなりもぐれるように鋭く細長くなっています。
このカワセミのクチバシの形状は、新幹線500系の先頭車両が出す騒音を抑えるための参考にされたそうです。

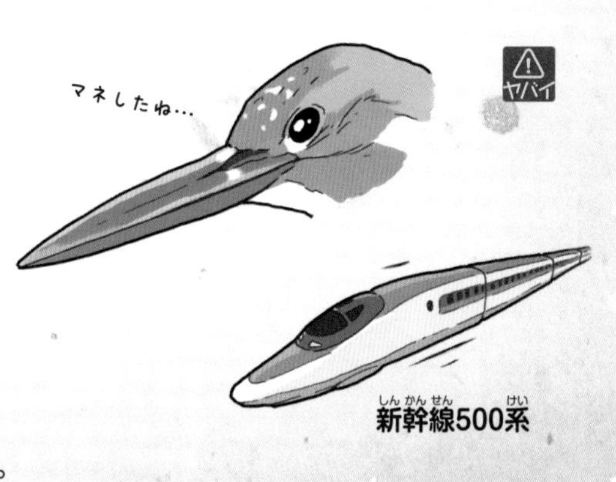

全長…5～6 cm
分布…キューバ

鳥綱アマツバメ目ハチドリ科
学 *Mellisuga helenae* ／
英 Bee Hummingbird ／漢 豆蜂鳥

クチバシ

花の蜜を吸うため、クチバシはストローのように細長くなっています。

羽ばたきに必要な胸の筋肉が体全体にしめる割合は40％で（ヒトは5％、一般的な鳥類で25％）、胸の筋肉を支える竜骨突起も大きく発達しています。

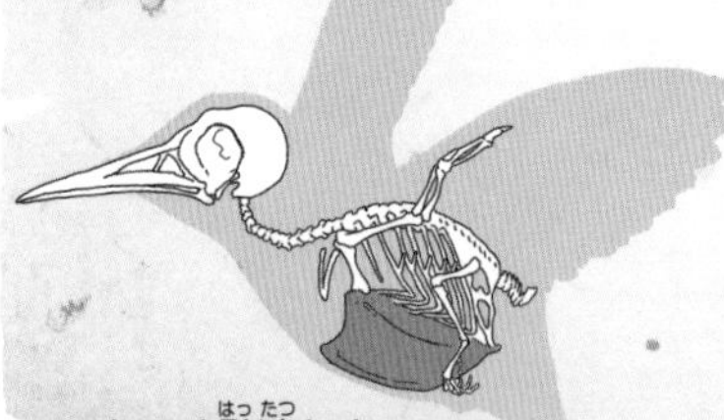

すごく発達した
胸の筋肉を支える骨

世界でもっとも小さな鳥で体重はわずか2gで1円玉2枚分しかありません。また、卵も小さく長さ6㎜と米粒ほどです。
ホバリング飛行（停止飛行）をするため、1秒に80回も羽ばたく激しい運動をするため、おもに栄養価の高い花の蜜をエサにしています。

第7章

身近な鳥と家禽、南国の鳥たち

LC NT VU EN CR EW EX

鳥綱スズメ目スズメ科

学 *Passer montanus* ／

英 Tree Sparrow ／ 漢 雀

全長…約15㎝

分布…日本・ユーラシア

クチバシは短くて太めで、植物の種を食べるのに適しています。

群れ ⚠ヤバイ

スズメの若鳥や、なわばりをもたない成鳥が、冬に群れをつくって、木の枝などにならぶ姿が見られます。寒さから、体をまん丸にふくらませる「ふくらすずめ」も、この時期に見られます。

羽毛

頭と背中が茶色、翼は茶色と黒色のまだらで、ほっぺたが黒色です。オスはのどの黒色の模様が、メスに比べて大きくなります。

ユーラシア大陸に広く分布しています。日本では人の住んでいるところにすむ、もっとも身近な鳥の一つです。おもに草の種などを食べる植物食ですが、ヒナを育てる時期には昆虫も食べます。

ヨーロッパのスズメ

スズメは、日本では街に生息していますが、ヨーロッパでは森林にすんでいます。ヨーロッパの街には「イエスズメ」という別の種類のスズメがいて、食べものの競争と繁殖場所を巡る競争で、体格の大きなイエスズメに負けてしまいます。そのため、街にすめなくなり、森林にすむようになったといわれています。

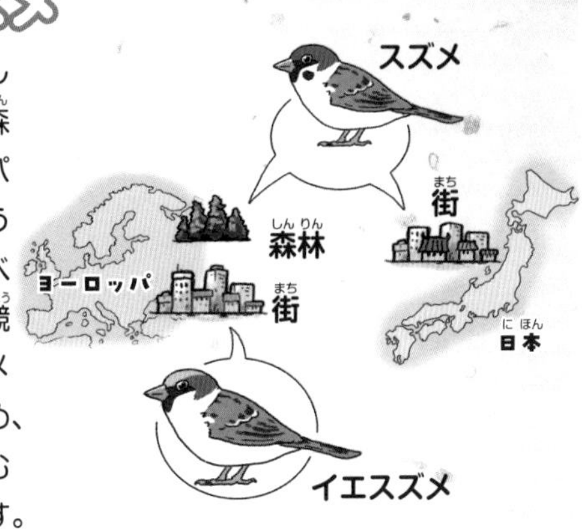

害鳥と益鳥

米を食べる日本人にとって、スズメは古くからかかわりがあり、「舌切り雀」などで親しまれています。スズメは稲を食べる害鳥でもあり、稲につく害虫を食べてくれる益鳥でもあります。過去に中国でスズメが稲を食べてしまうことから、スズメを大量に駆除しましたが、イナゴなどの害虫が大量発生して、稲があまり収穫できなかったという話があります。

カワラバト

鳥綱ハト目ハト科

学 *Columba livia* ／英 Rock Dove ／

漢 河原鳩、土鳩

全長…約33 cm

分布…中央アジア・中近東・北アフリカなど

鳴き声

「クルルックー」と鳴きます。よく耳にする「デッデ、ポッポー」はキジバトの鳴き声です。

体の色

頭は濃い灰色、体は薄い灰色、首は光沢のあるむらさきや緑色、翼には黒色の2本のしま模様があります。

害鳥として

ハトは同じ場所で生活を続ける特性をもっているため、騒音やふん害を起こすなど害鳥でもあります。

中央アジアから北アフリカの乾燥した地域に生息するハトのなかまですが、伝書バトなどの目的で飼育されていた鳥が世界中の都市部で野生化しています。日本では野生化したカワラバトを「ドバト」とよんでいます。

ヒナのエサ

ハトのなかまはヒナにミルクを与えて子育てをします。「ピジョンミルク」とよばれる「素嚢」という消化器官から出るドロッとした液体で、たっぷりの栄養がふくまれています。それを吐き出して口うつしでヒナに与えます。このピジョンミルクはオスもメスも出るので両親で与えることができます。

巣にもどる能力

動物には帰巣本能という遠い場所に移動しても、巣や縄張りなどもともと暮らしていた場所にもどることのできる種がいます。カワラバトは帰巣本能が強いため、その習性を利用して訓練したハトは、伝書バトとよばれ、遠いところへ手紙などを送るのに昔から利用されてきました。

鳥綱スズメ目カラス科
学 *Corvus macrorhynchos*／
英 Large-billed Crow／漢 嘴太烏

全長…約57 cm
分布…日本・朝鮮半島・中国・東南アジア・ロシア南東部

本来は森にすむカラスですが、街中でもよく見かけ、人の出したゴミをあさることでおなじみのカラスです。雑食性でなんでも食べます。若鳥は群れで行動し、成鳥になると、基本的につがいですごします。

体の色

ハシブトガラスの全身は真っ黒に見えますが、「カラスのぬれ羽」と色をあらわす言葉があるように、紫がかった美しい光沢があります。

集団ですごす

ハシブトガラスは、夕方になると集合し、大集団をつくって森で眠ります。

高い知能 ヤバイ

カラスのなかまは知能が高いといわれています。ハシボソガラスは道路にかたいクルミの実を置いて、走る自動車のタイヤにひかせて割ります。またカレドニアガラスは細長い枝でつくった道具をつかって、木の穴にいる幼虫をとったりします。

都市部の巣づくり

樹上に枝を集めて巣をつくりますが、都市部で繁殖するハシブトガラスは金属製のハンガーを材料に巣をつくります。金属製のハンガーは枝などに引っかかりやすく、丈夫なので、それを巣の土台にして、卵を置く巣の内側は草や樹皮などやわらかい素材でつくります。

ハンガーの金属部分が電線にふれて停電することもあります

不気味な存在？

カラスは、真っ黒な体の色や鳴き声から、西洋でも日本でも不気味な存在されてきました。しかし日本の神話では神の先導をした「八咫烏」がおり、古代エジプトでは「太陽の化身」とされるなど、カラスは神の使いや化身とされていました。

ツバメ

鳥綱スズメ目ツバメ科

学 *Hirundo rustica* ／英 Barn Swallow ／

漢 燕・玄鳥

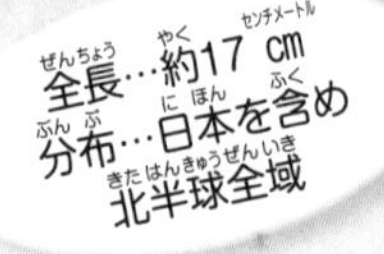

全長…約17 cm
分布…日本を含め
北半球全域

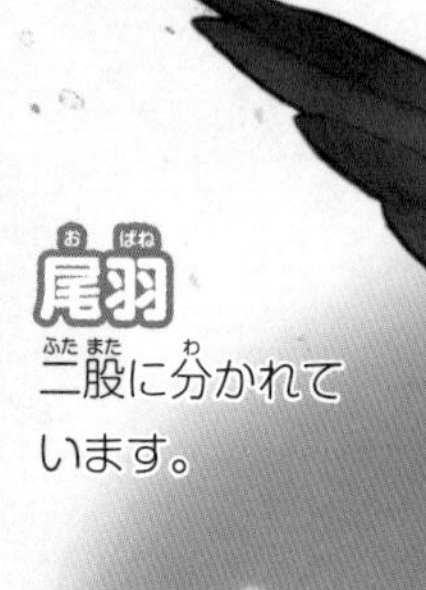

尾羽

二股に分かれています。

翼

飛行に適した先のとがった長い翼をもっています。

身近な鳥のなかでもっとも空を飛ぶのが得意で、飛んでいる昆虫を空中でとらえ、飛びながら水を飲みます。巣は人家の軒下によくつくります。人間のそばに巣をつくることで、ヘビやカラスなどの天敵をさけられるのかもしれません。

ヤバイ ヒトのそばが安全

カラスやモズなど

ヘビやネコなど

LC NT VU EN CR EX

ハクセキレイ

全長…約21㎝
分布…ユーラシア・北アフリカ

鳥綱スズメ目セキレイ科
学 *Motacilla alba*／
英 White Wagtail／漢 白鶺鴒

体の色

ハクセキレイは、頭から背が灰褐色で、おなかが白色、顔は白色でクチバシの根元から目をとおって頭の後ろまで伸びる黒色の帯があります。

尾羽

尾の羽は長く、よく上下にふります。

長い尾羽が特徴のセキレイのなかまです。都市部にもよく見られ、警戒心があまりなく、人が近くにいても気にすることはありません。日本では繁殖地は北海道や本州北部でしたが、しだいに繁殖地は南下し、いまでは九州にも繁殖するようになりました。

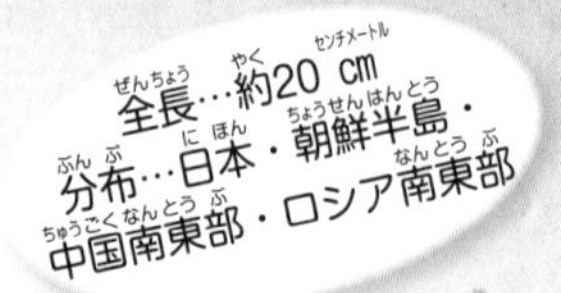

全長…約20 cm
分布…日本・朝鮮半島・
中国南東部・ロシア南東部

鳥綱スズメ目モズ科

学 *Lanius bucephalus*／

英 Bull-headed Shrike／漢 百舌鳥・鵙・鶪

クチバシ

クチバシの先がワシやタカのように鋭く曲がっています。

鳴き声

ウグイスやヒバリなど、ほかの鳥のさえずりをまねるのが上手です。

小さな猛禽類といわれるモズのなかまです。カエルやトカゲ、昆虫をとらえ、その獲物を木の枝にさしておく「はやにえ」という習性をもっています。はやにえは、オスが求愛するための栄養補給であることが明らかになっています。

LC NT VU EN CR EW EX

ウズラ

鳥綱キジ目キジ科

学 *Coturnix japonica*／

英 Japanese Quail／漢 鶉

全長…約20 ㎝

分布…日本・朝鮮半島・中国・東南アジア・中央アジア・ロシア東部

体型

体はずんぐりと丸っこく、尾羽が短いのが特徴です。

体の色

キジのなかまのオスは派手な姿ですが、ウズラはオスもメスも地味です。

ヤバイ じつは渡り鳥

キジのなかまで、そのなかではただ一つの海をこえて渡りをする鳥です。

家畜として飼育されている鳥でもあり、飼いならしたのは日本が最初といわれています。野生のウズラは数がすいぶん減ってしまい、めったに見ることはありません。

ニワトリ

鳥綱キジ目キジ科

学 *Gallus gallus domesticus* ／

英 Chicken ／ 漢 鶏・庭鳥

全長…約70 cm
分布…東南アジア（原産）

トサカ

頭にある赤いトサカや、下のクチバシの根元から垂れている赤いヒダ（ニクゼン）は、皮ふが発達したもので、オスのほうが大きくなります。

鳴き声

朝、「コケコッコー」と大きな声で鳴き声を上げるのは、縄張りを主張するためと、メスへのアピールであるといわれています。

蹴爪

オスには、後ろ向きの指の上に皮から発達したツメ状の突起があります。これはキジ科の鳥がもっているもので、オスどうしが争うときなどにつかわれます。

キジのなかまで、東南アジアの熱帯雨林にすんでいる「セキショクヤケイ」が、今から約5000年前ころにインドで飼われるようになったのがニワトリのはじまりといわれています。品種改良がすすめられて、肉や卵を生産する家畜（家禽といいます）として飼われています。

卵の生産 ヤバイ

鳥がいちどに産む卵の数は、種類によって決まっています。たとえばアホウドリは１個、ハシブトガラスは２個から５個です。キジ科のニワトリは産んだばかりの卵を失うと、それを補うようにあらたに卵を産む習性をもつ不確定産卵鳥とよばれる種の一つです。飼われているニワトリはこの習性を利用されて、ほぼ毎日１個の卵を産んでいます。

ニワトリは、さまざまな用途にもちいるために品種改良がすすめられました。

肉や卵を得るために、もっとも有名な品種である白色レグホンをはじめ、ウコッケイやロードアイランドレッドなどがつくられ、ニワトリどうしを戦わせるための軍鶏、美しさを楽しむための長尾鶏、鳴き声のよさを競うための長鳴鶏などがつくられてきました。

鳥綱カモ目カモ科

学 *Anas plathyrhynchos domestica*／

英 Domestic Duck／漢 家鴨・鶩

全長…約70 cm
分布…中国・ヨーロッパ
（原産）

クチバシ

平たいクチバシで、水面や水中の細かい食べ物を逃さずとらえることができます。

食性

雑食性で大食いのため、水田に放ち水草や害虫を駆除させる農法に利用されています。

足は黄色で、大きなみずかきをもっています。

アヒルは野生のマガモを家畜化したもの（家禽といいます）です。野生のマガモの飼育は約4000年前、中国ではじまったといわれています。マガモを飼いならして家畜にしていくうちに、体が大きく重くなり、翼が小さくなって、あまり飛ぶことができなくなったといわれています。

アヒルの品種 ヤバイ

アヒルにもさまざまな品種がいます。中国で家畜化されたペキンアヒルは北京ダックとして料理に出されることで知られる品種です。
アヒルのなかでも全長30㎝ほどでペットとして人気のあるコールダック、走るのが得意なインディアンランナーなどがいます。

家畜になった鳥

アヒルに似た家畜になった鳥にガチョウがいます。野生のガンを飼いならしたもので、アヒルと見た目でちがうところはクチバシにコブがあることです。
ガチョウから卵をとったり、食肉にしたりしますが、とくに強制的に肝臓（フォアグラ）が大きくなるように育てたものが有名です。

鳥綱カツオドリ目ウ科

学 *Phalacrocorax carbo* ／

英 Great Cormorant ／漢 川鵜

全長…約81 cm

分布…日本・ユーラシア・アフリカ・ニュージーランド・オーストラリア・北アメリカほか

足

水にもぐるため、体の後ろのほうにみずかきのある足がついています。

羽毛 ヤバイ

羽毛は潜水しやすいように、ぬれやすくなっています。

潜水が得意なウのなかまです。湖や川などの水中にもぐって、おもに魚をとって食べています。

一時期は生息数が減っていましたが、最近では生息数が増えて、海上でも見られるようになりました。なお、岐阜県などで行われる伝統漁の「鵜飼い」が有名ですが、そこで活躍しているのはカワウとは別の種のウミウです。

セキセイインコ

鳥綱インコ目インコ科

学 *Melopsittacus undulatus*／

英 Budgerigar／漢 背黄青鸚哥

全長…約20 cm
分布…オーストラリア

よくペットとして飼われている小鳥で、品種改良されてさまざまな色のセキセイインコがいます。野生種はオーストラリアの乾燥した地域に生息しており、草の実を食べます。繁殖期以外は群れになり、水場では数千羽の大群になることもあります。

鳴きまね ヤバイ

人になつきやすく、社交的な鳥です。人の言葉や電子音などをうまくまねます。

クチバシ

クチバシの根元、鼻あたりのふくらみ（ロウ膜）は、オスが青色でメスは白みのある茶色で見分けられます。

コザクラインコ

鳥綱インコ目インコ科

学 *Agapornis roseicollis* ／

英 Rosy-faced Lovebird ／ 漢 小桜鸚哥

全長…約15 cm
分布…アフリカ南西部

足

あしゆびは、前向きが2本、後ろ向きが2本です。これはインコやオウムの共通の特徴です。

巣づくり

巣の材料となるものを細長く切って、腰にさして運ぶ習性があります。ヤバイ

乾燥した地域ですみ、すごしやすい朝と夕方に活動して、おもに草の実を食べます。ペットとしてよく飼われている小鳥です。
気に入ったパートナー（鳥、人にかかわらず）に対してべったりとくっつくほど愛着が強い鳥であるため「ラブバード」ともよばれています。

コンゴウインコ

鳥綱インコ目ヨウム科
学 *Ara macao*／英 Scarlet Macaw／
漢 金剛鸚哥

全長…約90 cm
分布…中央アメリカ・南アメリカ

クチバシ

大きなクチバシでヤシなどのかたい木の実の殻をくだくほどの強力なアゴをもっています。

顔

ほっぺたは羽毛がないため肌の白色がそのまま出ています。

体の大きなインコはオウムと思われがち

インコのなかまでは最大の鳥です。アマゾン川のジャングルにすんでいて木の実や果実などを食べます。
光沢のある色あざやかな羽をもち、「金剛石」＝ダイヤモンドのように美しいということからコンゴウインコとよばれています。

LC NT VU EN CR EW EX

全長…約32 cm
分布…オーストラリア

鳥綱インコ目オウム科

学 *Nymphicus hollandicus* ／
英 Cockatiel ／漢 阿亀鸚哥・片福面鸚哥

名前にはインコとついていますが、インコに近いオウムのなかまです。乾燥した草原にすんでいます。
「おかめさん」と名がつくようにほっぺあたりにあるオレンジ色の丸い模様が特徴的です。人にもなつき、ペットとしてよく飼われています。

冠羽

頭にある飾り羽は興奮や緊張したときに立ち、落ち着くと寝かせます。

性格

おくびょうでさびしがりな性格ですが、人になれて呼び鳴きしたりします。

冠羽がある
オウム
インコ

ヤバイ　オウムとインコは、外見が似ているのでまちがわれやすい鳥です。例外も多いのですが、一般的に小柄で体の色がハデな色合いのものがインコ、比較的大柄で冠羽をもち、あまりハデな色ではないものがオウムです。オカメインコも「インコ」と名づけられていますが、じつはオウムのなかまです。

ブンチョウ

全長…約14 cm
分布…インドネシア

鳥綱スズメ目カエデチョウ科
学 *Padda oryzivora*／
英 Java Sparrow・Ricebird／漢 文鳥

体の色

頭は黒く、体は灰色、おなかは赤みがかった色をしています。ほっぺたは白色で、目のまわりが赤色です。

クチバシ

光沢のある紅色をしています。かたい植物の種を食べるため、とても大きく太いクチバシをしています。

人になれやすいため、ペットとして飼われ、日本でも江戸時代から親しまれています。
東南アジアにいる野生のブンチョウは大きなクチバシで植物の種子などを食べます。とくに稲をよく食べる害鳥であるため「ライスバード」とよばれています。

コメ食う鳥
ライスバード

カナリア

鳥綱スズメ目アトリ科
学 *Serinus canaria* ／
英 Island Canary ／ 漢 金糸雀・金絲雀

全長…12.5〜13.5 cm
分布…スペイン領カナリア諸島・ポルトガル領アゾレス諸島など

大西洋のカナリア諸島に生息する鳥ですが、16世紀のはじめにヨーロッパに持ちこまれ、飼われるようになりました。

さえずり

カナリアは、複雑なさえずりをすることで有名で、美しくさえずる品種も生みだされています。

呼吸器 ヤバイ

鳥類は空気の変化に敏感で、カナリアはよくさえずることから、炭鉱などで有毒ガスの検知に利用されていました。

ヤバイかも
わい、毒ガス検知器ちゃうで
・・・

毒ガスがあると鳴きやむ

カタカケフウチョウ

鳥綱スズメ目フウチョウ科
学 *Lophorina superba*／
英 Greater lophorina／漢 肩掛風鳥

全長…約26 ㎝
分布…ニューギニア

体の色

光をほぼ吸収するほど、世界一黒いといわれる羽をもっており、目の上と胸には金属質のような青色の羽があります。

フウチョウ科の鳥には、背中に大きな飾り羽をもつオオフウチョウ、二股のワラビ状の尾羽をもつアカミノフウチョウなどさまざまな種類がいます。

極楽鳥ともいわれるフウチョウのなかまで、メスの前で胸のあざやかな青色の飾り羽と首のまわりの黒い羽をだ円形やおうぎ状にひろげて、軽やかに求愛ダンスをします。真っ黒な体が、レモン色の口内、胸やまゆの青い羽をきわ立たせ、その姿は正面から見ると、大きな顔のようにも見えます。

オニオオハシ

全長…55～61㎝
分布…ブラジル、アルゼンチン

鳥綱キツツキ目オオハシ科
学 *Ramphastos toco*／英 Toco Toucan／
漢 鬼大嘴

体の色

体は黒色で、顔からノドにかけては白色、あざやかなオレンジ色のクチバシをもつ美しい鳥です。

クチバシ ヤバイ

巨大なクチバシに、血液を流して放熱し、体を冷やす役割をもっています。

カラフルで巨大なクチバシをもつオオハシのなかまで、クチバシの長さが20㎝以上もあります。とても大きなクチバシですが、なかはスポンジ状になっていて、わずか15gほどしかないため、バランスをくずしたり、飛ぶのに支障はありません。

大きなクチバシは冷却効果バツグン

全長…80～90㎝
分布…マレーシア、タイ（マレー半島）、インドネシア（スマトラ島、ジャワ島、ボルネオ島）

鳥綱サイチョウ目サイチョウ科
学 *Buceros rhinoceros*／
英 Rhinoceros Hornbill／漢 角犀鳥

体の色

体は黒色、おなかから下は白色、尾羽には黒色の帯が１本あります。ツノ部分はあざやかなオレンジ色です。

大きなクチバシの上にあるカスクとよばれる突起が、サイのツノを思わせることからサイチョウとよばれます。

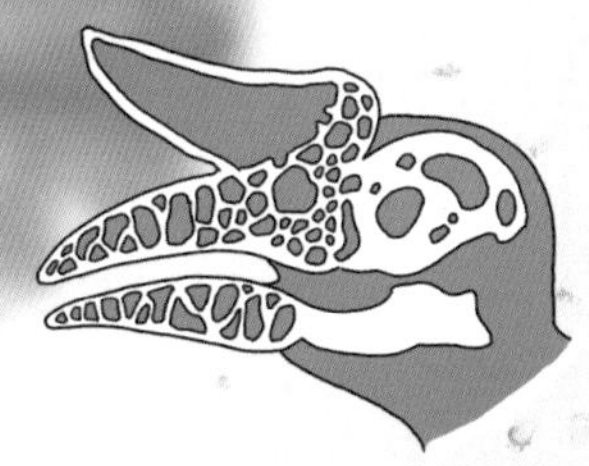

クチバシはほとんど空洞で軽い

マレーシアの国鳥で、巨大なクチバシの上側に「カスク」とよばれるツノ状の大きな突起があります。突起のなかは空洞で、鳴き声を反響させて大きな音を出すことができます。
繁殖期にはメスは木の穴のなかにこもって巣穴の入り口を泥などでふさぎ、オスが小さな穴からエサを運んで子育てをします。

ハシビロコウ

全長…約120 cm
分布…アフリカ東部・アフリカ中央部

鳥綱ペリカン目ハシビロコウ科

学 *Balaeniceps rex*／英 Shoebill／
漢 嘴広鸛

クチバシ ヤバイ

幅広で大きなクチバシをもっています。英語名のShoebillは「くつのようなクチバシ」の意味です。

肉食で、獲物が近づくまで、置物のように微動にせず、待ち伏せするハンターです。息をするために水面に顔を出した肺魚を一瞬でとらえて、丸飲みにします。
ほとんど鳴かないかわりに、クラッタリングとよばれる大きなクチバシをカタカタと鳴らします。

あしゆび

足の指は鳥のなかでいちばん長いといわれています。足下が不安定な場所でも沈みこまないためと考えられています。

LC NT VU EN CR EX

ベニイロフラミンゴ

鳥綱フラミンゴ目フラミンゴ科
学 *Poenicopterus ruber*／
英 American Flamingo／漢 紅鶴

全長…120〜145 cm
分布…ガラパゴス諸島・南アメリカ北部

フラミンゴのなかまでは大型で塩水やアルカリ性の湖などに生息しています。クチバシのふちに細かな毛がクシ状にはえています。頭を上下さかさまにして、クチバシを水中にいれて、小さな藻や甲殻類をこしとって食べます。それらには赤い色素がふくまれているため、羽の色が紅色になります。

足

細長い足にはみずかきがあって、泳ぐこともできます。

すくってこしとるのにちょうどいいの

ヤバイ

わしゃわしゃ

子育て

フラミンゴのヒナは、親鳥が出すフラミンゴミルクとよばれる真っ赤な分泌物を与えられます。ヒナは集められ成鳥に守られながら育ちます。

主な参考資料

○『Handbook of the Birds of the World』(LYNX NATURE BOOKS)
○「日本鳥類目録第8版和名・学名リスト」(一般社団法人日本鳥学会)
2024年3月現在　https://ornithology.jp/iinkai/mokuroku/index.html
○「IUCN レッドリスト」(国際自然保護連合)
https://www.iucn.jp/program/redlist/

監修(現生鳥類):**柴田佳秀**

大鳥小鳥恐い鳥 鳥たちのヤバイ進化図鑑

2024年6月25日　初版発行

著者　**川崎悟司**

発行所　株式会社 二見書房
東京都千代田区神田三崎町2-18-11
電話　03-3515-2311〔営業〕
電話　03-3515-2313〔編集〕
振替　00170-4-2639
印刷　株式会社 堀内印刷所
製本　株式会社 村上製本所

落丁・乱丁本はお取り替えいたします。
定価は、カバーに表示してあります。

ISBN978-4-576-24046-6
https://www.futami.co.jp